JN195347

縁起のよい樹と日本人

有岡利幸

八坂書房

まえがき

日本人は縁起ということを大切にしている。祝い事などに、あるいはまた大切な式典などの行事のときには紅白に染め抜いた幕を張ったり、縁起物だといって松竹梅の寄せ植えの植木鉢を持ち出して飾ったりする。物事を始めるに当たっては縁起の良し悪しをいったり、縁起をかつぐあるいは縁起を祝うなどという。そもそも縁起とは前触れや兆しのことを指すのだが、縁起とは吉祥つまり目出度いことそのものをいうのだと考えている人が多いように思う。

南北に細長い島脈で海に囲まれている日本の国土は温帯という気候帯に属し、そのうえ春から夏の生育期に雨量が多いこともあって大型植物の樹木が世界的にみても沢山生育している。その樹木を縄文・弥生の昔より衣食住の資材としてと生活のために十分に利用してきた日本人には樹木好きという国民性がある。樹木ごとの性質を知り尽くしている日本人は、日本独自という四季のどの季節にも緑の葉を保っている常緑樹に途切れることのない永遠性を結びつけ、目出度い木と考えて、神祭りのとき神にお供えするなど神聖なものとしてきた。

　常緑の樹木といっても葉が生まれてから何年間も引き続いて樹体にくっついていることはなく、時期になると落葉して新しい葉と入れ替わる。そのとき新葉が芽立ちしてから古葉が落ちるという性質の樹木もある。そんな性質をもつ樹木は後継の子孫の顔を見てから死ぬというスムーズな世代交代が行われるとの見方から目出度い木としてきた。一方、落葉樹にも寒い冬でも枯葉が樹にくっつき春の芽出しとともに落葉する樹木がある。柏（かしわ）や櫟（くぬぎ）などである。これらも世代交代が良好な目出度い樹木と考えられ、縁起のよい木として身近なところに植えられている。さらに日本人は色彩の上では赤（朱を含む）を尊い色、目出度い色と認めてきた。古代にはこの色の衣服は天皇以外には着ることはできない衣とされていた。そんなところから赤い果実を実らせる木は、たとえ丈の小さな木であっても目出度い樹木と認めてきた。また常緑樹のうち葉の先端が刺のように尖った木は鬼がそれで眼を突くのを怖がって近づかないと考え、魔を避けると見立てて魔を払うと深読みし、縁起のよい木、目出度い樹と認めるようになった。その木が身近なところにあることを因（もと）として、幸運やお金を招くことができると考えられるようになった。そのような木は昔から座敷から見える庭に植え、日々これに接することで縁起がよくなると信じてきた。人びとが昔から縁起のよい木と認めてきた樹木のことを筆者は縁起木と名付けた。人家の庭に植えられる木のなかには標準和名はもちろん別名でもお金に関わる名の付いたものがある。一両十両百両のようにずばりと金額が示されているものやクロガネモチのように金持ちという裕福な人のことを指す名もある。これらの木もその家にお金を招くとされ目出度い木、縁起のよい木と認められてきた。

そのほか樹木名が「難を転ずる」という南天（難転）という木も縁起木としてきた。現在の縁起木には外国から渡来した木も数多い。小粒でもピリリと辛いといえば日本人では誰でも知っている山椒は中国原産の縁起木である。山椒の強い香りは中国では魔を防ぐと考えられてきた。日本でもそのまま魔を防ぐとして縁起木の一つとして考えられ、日本の農山村ではほとんどの家で一本は植えているくらい普及している。そしてその香りと辛みは和風の香辛料として用いられ、川魚料理には欠くことのできないものとなっている。山椒の項では本題の余談として筆者の故郷岡山県美作台地に沢山作られている溜め池での秋のイベントとして催されていた鮒取（ふなとり）についても触れた。

日本人が現今、縁起木として庭に植えている樹木は日本産のものがほとんどであるが、山椒のように当時の文化文明の親元的存在であった中国原産の木も、そこでの考え方に基づいて風習のなかに取り込み、すっかり日本化したものもある。明治維新により幕藩体制が崩れ新しく生まれた明治政府は文明開化と称してヨーロッパの文化文明を取り入れようとした。そのときヨーロッパで古代から幸運の木としていたものも取り入れ、今では縁起木の一種と見なして庭木として栽培しているものもある。オリーブと月桂樹である。二つの木はヨーロッパ文化文明の発祥地の地中海地方のギリシアが原産地である。両方とも日本に渡来してから二百年未満なので、その木のよいところを日本的に咀嚼して風習にまで定着させるには至っていない。山椒のように日本化するにはオリーブも月桂樹も、もう少し日本人と馴染む時間が必要なのであろう。

縁起のよい樹と日本人
目次

序　縁起とは何か

この本のタイトルとなっている縁起のよい樹木つまり縁起木の「縁起」とは何かというと、『広辞苑』によれば「因縁生起（いんえんしょうき）」の意であるとし、仏教では一切の事物は固定的な実体をもたず、さまざまな要因（これを「因（いん）」という）や条件（「縁（えん）」）が寄り集まって成立しているとしており、「仏教の根本思想となっている」と解説している。また「事物の起源・沿革、由来のことをいう」ともしている。仏教とは紀元前五世紀の頃インドのガンジス河中流域で興った宗教でゴータマ・シッダールタ（仏陀釈尊ともいう）の説法にもとづき人間の生老病死という苦悩を解決する道（考え方と実践方法）を信仰し修業すれば最終的に輪廻転生という輪を脱出することができ、二度と再びこの世に生まれてくることはなく、転生することのない安楽なニルバーナ（涅槃）に至ることができるという信仰である。仏陀釈尊の説法したこの仏教は初期原始仏教という。令和の現在の日本で信仰されている仏教は仏陀釈尊の死後およそ五〇〇年後の紀元前後の頃、当時の人びとによって求められていたニルバーナに至った仏と凡夫の間に立って仏の世界に人びとを導いてくれる観音、地蔵、不動という仏が生まれた。そしてニルバーナに代わって極楽という仏のすむ安楽な世界を生み出した。仏陀釈尊の説法は仏教の伝わったあらゆる世界へと広まった。これを大乗仏教といい、初期原始仏教はそれに対して小乗仏教と呼ばれる。紀元前後の頃生まれた大乗仏教は中国・朝鮮半島を経由して日本に伝わり、多くの僧たちにより日本仏教が形成され今日に至っている。現今の日本人の一般的な人びとが触れるのは、「弥陀の本願」「即身成仏」「法華」「一乗」「只管打坐」などで代表される日本仏教における思想教義とそれに基づく実践体系である。だから日本仏教に馴染んだ人たちには「縁起」とは仏教の根本理念であるといってもぴんとこないにちがいない。「縁起」を根本理念としていた仏陀釈尊の説法の中心的なものが釈尊の死後五〇〇年という年月を経て、自らの修行によって仏となれるとする、いわゆる自力救済から、仏に救済してもらうという他力救済に大変化していたのである。観音、地蔵、不動という仏にすがって極楽という仏の世界に導かれることで救済してもらうという他力によって救われたいという信仰の日本仏教の中で、日々仏教と触れているのが日本人の仏教信者である。

「縁起」が仏教の根本理念であることについて、不勉強のそしりを受けるであろうと思いながら筆者の理解しているものから説明していくことにする。初期原始仏教では修行によってニルバーナに到達した人のことを仏陀（ぶっだ）（略して「仏（ほとけ）」）という。現今の日本仏教では亡くなった人のことを同じように「ほとけ」といっているが、これは亡者（もうじゃ）であり、初期原始仏教の「仏」とは天と地とのちがいがある。仏教の開祖である仏陀釈尊の説いたのは「仏になる教え」であり、これを略して「仏教」という。仏陀釈尊が生存中の当時のインド社会では六道輪廻（ろくどうりんね）といって、下位の方から地獄界・餓鬼界・畜生界・修羅界・人間界・天上界という六つの世界に分かれており、この六つの世界はどことどことがどうつながっているのか判らないが輪のようにつながっている。この世に生きているときの心口意（しんくい）の行いが業（カルマ）となって、その業によって、死ぬとその業に相応する六つの世界のいずれかに生まれ変わるという思想を、人びとは信じ切っていた。六道つまり六つの世界は輪のようにつながっているので始まりも終わりもない。つまり死ぬことで無になってしまうのではなく、死ぬとこの世からいなくなるが、その瞬間にこの世以外の別の世界に生まれ出るのである。その世界はこの世で積み重ねた業により、再び人間として生まれ出ることもあるが、地獄や畜生、餓鬼界に生まれる可能性もある。死はこの世では終わりであるが六道輪廻思想では終わりであると同時に始まりでもあった。古代インドの世界観では死は終わりであり始まりであった。死に変わり生まれ変わりが果てもなく繰り返される永遠に続く世界であった。何とかこの六道の輪から脱出したいと考えてもその方法は全く手がかりすらなかった。それを仏陀釈尊はある朝ピッパラ樹の下で瞑想中に「ソレあるが故に縁生じ縁生じるが故にソレある。ソレ滅すれば縁生せず縁生せずが故にソレ滅す」というこの世界が存在するための大法則を悟ったのである。それが初期原始仏教の根本理論で「ソレ」には業を代入しても同じことである。仏陀釈尊はこの悟りをインドの人びに説くため全土を巡った。初期仏典のアーガマ（阿含経）には、釈尊の説法を受け入れ修行した結果、悟りを得た多くの人びとが輪廻の輪を脱出しニルバーナに致り二度とこの世に生まれることはなかった、と記されている。このように「縁」という不思議な力というか働きを起源として事物が始まるところから、後に仏教の教えは「縁起の法（法則）」と名づけられた。

私たちが「死」によって「無」になるのでないことについて、大乗仏教の僧である瀬戸内寂聴さんは令和元（二〇一九）年九月十二日付朝日新聞掲載の「寂聴残された日々　五四　怖れるもの」の中で次のように述べている。

「あの世があるのかないのか訊かれても答えられないが、近頃ようやく『死』は『無』になるのではなく『他界』に移るような気がしてきた。『他界』が『現世』より楽か苦しいかはわからない。」

寂聴さんは現に生きているこの世以外に「あの世」があるかどうかは質問されても答えられないと、素直に記しているが、「無」になってしまうのではなく、死ぬとこの世に再び生まれ変わらず、この世以外の他の世界つまり六道のこの世（人間界）以外の五つの世界のいずれかに移る、いうなれば天上界、修羅界に生まれ変われそうだというのである。初期原始仏教の根本理念の「縁起」をわかりやすく説明することは難しい。ことに大乗仏教の「仏」の他力による救済を基礎としている日本仏教の影響を受けている筆者には手ごわい仕事である。

「縁起」という言葉は仏教用語として昔から使われてきた。それが、京都の有名な清水寺の由緒を描いた『清水寺縁起絵巻』や天神様（菅原道真）を祀る『北野天満宮縁起絵巻』などにつけられた「縁起」から兆しの起こる由来も「縁起」というようになった。そこから吉凶の前触れや前兆のことをさすようになり、「縁起がよい」とか「縁起でもない」とされるようになった。「縁起がよい」とは、何かよいことが起こりそうな様子をいう場合に用いられる表現である。この表現は幕末から明治にかけて活躍し多くの名作を残した河竹黙阿弥作の歌舞伎『三人吉三巴の白浪』の「厄払い」と呼ばれる吉三が序幕にある大川端庚申塚の場で七五調の名文句をいう。その終わりにある「こいつぁ初春から縁起がいいわえ」が観客を魅了し、芝居によって世の中の仕組を知り、しきたりの手本としていた当時の人びとに、「縁起がよい」とはこんなことをいうのだと、大きな影響を及ぼしている。そこでは通りすがりの夜鷹（低級の淫売婦）を大川に突き落とし財布を奪ったところ、なんと思いがけないことに百両もの大金が入っていた。はした銭しか入っていないであろうと開けてみたところ、とんでもない大金があった幸運を素直に喜ぶ盗賊の浮かれ具合が適確に表現されており、芝居の評判とともにこの言葉が流行したと考えられる。

「月も朧に白魚のカガリもかすむ春の空思いがけなく手に入る百両、こいつぁ初春から縁起がいいわぇ」と類語や懸詞を駆使したせりふによって、観客は「縁起がよい」とは思いがけない幸運に巡り合う前兆や幸先のよさをいうのだと学習したのである。縁起の本来的な意味は、吉凶の前触れや前兆のことであるが、この芝居の名文句により江戸庶民は吉事の前触れや兆しのことをいうのだと解釈してしまい、そのことが現今に至るまで引き続いている。

一、縁起木とはどんな木か

◉縁起のよい呪物

樹木好きな日本人は地名や名字に樹木の名前をつけて、その樹木の効用を讃嘆するとともに、その生命力を取り入れようと試みている。常に接する身近なところ、すなわち住居の庭に植えられ、それがあることによって幸運を招き寄せる呪い(まじない)となる樹木を縁起樹木あるいは縁起木と呼ぶ。要するに縁起がよいといわれる樹木のことである。

序にも記したが、縁起木の「縁起」とは仏教用語なので、わかりやすく説明することはなかなか難しい。簡単にいうと吉凶の前触れや前兆(ぜんちょう)などのことで、ふつうは「縁起がよい」あるいは「縁起でもない」などと用いられる。

日本人は仏教の考え方を深く文化の中に取り入れているが、仏教教理を翻訳し、独自の解釈で生活の中に取り込んでいる。「縁起」もその一つである。日本人の特徴について国文学者の中西進氏は平成三十一（二〇一九）年四月二日付朝日新聞のインタビュー欄「万葉集と元号」の取材記事の中で「外国にある優れたものを拒絶せず採り入れることは日本の特徴だと思います。注目すべき点は単に採り入れるだけではなく、自分たちが使いやすいように作り替えていったこと。日本は漢字を作り替えることを通して独自のひらがなやカタカナによる無限の美の世界を創り出した」と答えている。日本では「清水寺(せいすいじ)縁起」や「北野天神縁起」などのように社寺や諸仏諸神の開基や由来霊現(れいげん)などを記したものを「縁起物」というところから、兆し(きざし)の起こる由来も「縁起」というようになった。兆に対する俗信から良し悪しをいうようになり、よい縁起を得れば幸運をもたらし、悪い縁起にあえば不運な結果を招くとされるようになった。そのため将来必ず幸運が招かれるという心意にもとづいて縁起のよい呪物(じゅぶつ)が想像されることとなった。呪物とは超自然的な霊威や呪力をもつとされ神聖視される物、あるいは特別な霊力があると信ぜられている物のことをいう。それを持っていると災厄が近づかず幸運をもたらせられるとされる典型的なものは社寺の護符である。また旅に出るとき寺社の境内から持っていく石や砂も呪物となる。願掛けのとき奉納する刀剣、杓子、楊枝、絵馬、縁起物としての熊手や招き猫などその種類も豊富である。

　庭木として植えられている樹木のなかで縁起がよいといわれているものも呪物の一つである。呪物としてはもともと神霊の籠る物で崇拝の対象となり得るような存在、たとえば霊石、神木、骨、貝がらなどが自然に選ばれていた。呪物について呪いの面からみると、呪いは神秘的な力が内在することを前提とした行為である。幼い子どもがケガをしたとき、父母や大人がキズのところを触りながら「イタイのイタイの、トンデいけ」と口にするのも呪いの一種である。痛みは飛んでいくはずはないが、親がしてくれるその行為に子どもは安心し、本当に痛みは消え、飛んでいくのである。そのように呪いは目に見えないものとの交渉事であるから、それを目に見えるもの（可視化したもの）として呪物がよく用いられる。民間信仰では箕帚（きしゅう）、櫛、ぞうり、臼（うす）、豆、石、米、針など日常生活に関わりをもつものがその機能や形などの一部を抽象化して象徴的に利用されることが多い。呪いを難しくいうとこのようになるが、やさしく言い換えると、呪いとは呪文（じゅもん）を唱えたり、色々な道具を使って願い事を叶えようとすることである。有名な呪いの一つに、手の中に「人」と書いて呑み込むという行為をよくするが、これは緊張を和らげようとするものである。縁起木もこの樹木を庭木として植えることによって幸運を招こうとして用いる呪いの一つだといえよう。

◉縁起木の特色

では、縁起木つまり縁起がよい樹木とはどんな特色をもっているのだろうか。日本において昔から縁起のよい樹木として知られている松、柊（ひいらぎ）、譲葉（ゆずりは）、クロガネモチ、山椒、南天、ツツジ、千両、万両とい

う八種類の樹木から、縁起がよいとされる特色を拾い上げると、

①常緑樹である。

②赤い実をつける。

③花が次から次へと咲く。

④春に新葉が出てから古葉が落ちる。

⑤大金または「金持ち」の名称を樹木名としてもつ。

⑥「難を転ずる（変える）」との樹木名をもつ。

という、六種類に要約される。常緑樹は春夏秋冬という日本にある四つの季節のなかで、どの季節においても緑色をした葉を絶やすことがない。そこから死なないことを象徴していると考えられてきた。不死の思想に通ずるので目出度く縁起がよいとみられている。

縁起のよい常緑樹の代表とされるものに「松」がある。松は日本人にとっては瑞祥の現われ、神木として深く浸透している。古くから縁起のよい樹木としてその葉が常緑という点からいっても変わらない繰の正しいもの、かつ風雪に耐えるものとして長寿延命に結びついて伝承されている。また目出度い組み合せとして慶事にはまず飾られる松竹梅のトップに松は置かれる。「松の夢は大利あり」といわれ、大変縁起のよい夢とされると、高島雄三郎は『松』のなかで述べている。樹木の赤い実はお金に見立て

られており、庭木の赤い実がなると「お金が成る」といって、縁起がよいと喜ばれる。和名が「クロガネモチ」という樹木は名前の中に「金持ち」が含まれているので、長者になれるといって喜ばれる。またこのクロガネモチは赤い実を沢山つけることでも縁起がよいとされている。③のツツジ類も一つ一つの花の命は短いが次から次へと咲くので、その樹木の花は途切れることがないという意味合いとなる。そこから何事も途中で継絶することなく継続することとなり目出度く縁起がよいとされる。④のユズリハは春に新葉が出てから古葉が落ちるので、このような葉の出方をする樹木は子供が後を継いだのちに親が散るという意味合いをもっているとされ、子孫繁栄を意味しているので目出度く縁起がよいとされている。代表的な樹木ではユズリハ（譲葉）の他にカシワ（柏）がある。柏は常緑樹ではないのだが、葉に香りがあり、端午の節句の縁起物として作られる柏餅を包むのに使われる。関東方面では縁起がよい樹木として庭に植えられる。

将来幸運を招くと考えられる縁起木は、起居する住宅の庭などに植えられる。その招来するとされる幸運は何かというと、お金が入ってくることである。貧しかった近世以前の人たちがもっとも希求していたものはお金であった。室町時代からお金を不自由なく潤沢に使える人を称して有徳人といっていた。有徳人の「徳」とは仁徳のあるという意味ではなく、ここではお金という意味で、有徳人とはお金のある人を意味していた。お金さえあれば何事も解決できると考えられていたのである。前に触れたように樹木の赤い実はお金と見立てられているので、赤い実の成る樹木あるいは沢山成る樹木が縁起がよいと考えられたのである。近世以前の金貨である小判は長者と呼ばれる人たちにとってはお金であったが、庶民は目にすることさえできなかった大金である。庶民にはせいぜい一文、二文と数えられる銭と呼ばれる銅製の貨幣がお金であった。なぜ赤い実がお金と関わるのかというと、筆者の当て推量だが、銅貨は赤い色をしているところからきている。金属の「銅」は「あかがね」とも読まれるように色は赤い。赤いとはいっても、いわゆる「レッド」色の赤ではない。よく日焼けした漁師の肌を赤銅色と表現したりするが、その赤銅色の赤である。筆者が家庭用の小金入れとして使っている丸い缶には銅銭の寛永通宝が一枚入っている。どこでどんな理由で手に入れたのか、思い出すこともできないが、この貨幣は赤銅色の赤い色をしている。

商売繁盛の神・大黒天、恵比寿神とともに描かれた「金のなる木」(一猛斎芳虎『二福神金のなる木』日本銀行貨幣博物館)

お金を手に入れる機会のほとんどなかった近世以前の庶民は、お金すなわち銭は赤い色をしているものだと刷り込まれ、お金という幸せをもたらせてくれる呪物（まじないもの）として、赤い実をつける樹木を縁起のよい樹木だとして身近かなところへ植えるようになったと筆者は考えている。赤い実が成るとともに樹木名がお金との関わりのあるものだと縁起木としてさらに喜ばれている。前に触れた「クロガネモチ」は名前の中に「金持ち」を含んでいるし、その実は赤い色をしているので昔から縁起木として庭木に植えられた。

●目出度い名前をもつ植物

千両、万両という低木で赤い実を成らす樹木は、千両は一本の木でありながら千両箱一つ、万両という木は一本で千両箱が十箱という大金の名をもっているので、縁起のよい樹木としてもてはやされている。また、その目出度い名前から正月に縁起物として床飾りに置かれる植物がある。樹木ではなく草の類なので縁起物と呼ばれる。それが福寿草（ふくじゅそう）である。福と寿（ことぶき）という目出度い字を二つもあわせ持っている。花は多数の花弁が黄金色に輝いており、春一番に咲く美しい花として喜ばれ、正月の床飾りとして松竹梅の寄せ植えされた鉢物とともに飾られる。キンポウゲ科の多年草で、北海道、本州、九州の山地に広く分布している。乾燥のひどくない落葉樹林の中で見ることができる。別名を元日草ともいわれるように正月とは縁の深い植物の一つである。早春、雪が残っている時期にどんな花よりも早くまっ先に黄金色の美しい花を咲かせるため、私たちに一足早い春を感じさせてくれるとても目出度い花である。江戸時代から観賞用としてさかんに栽培されており、今では六十種類以上の園芸品種があるといわれている。フクジュソウは薬草として強心剤として利用されているし、利尿効果もあることが知られている。薬用とするときは、乾燥させた根を煎じて飲むのである。しかし薬用植物であると同時にこの植物は強烈な心臓毒を含む毒草でもあるため、十分な知識がないまま手を出すのは危険である。毒の成分は特に根に多く含まれている。「心臓にいいから」などの理由で、フクジュソウの根を煎じて飲んだところ、死亡してしまったという事故が数多く報告されている。

一九九二年四月に徳島県で起こった事故は、八年間も心臓病と糖尿病を患っていた七十六才の女性が「フクジュソウの根を煎じて飲めば心臓にいい」ということを誰かに聞いたか何かの本で読んだことを思い出し、近くの山からフクジュソウの根を採取して、きれいに洗い乾燥させた。採取してから六日後十グラムほどをヤカンで煎じた。その煎じたものを茶碗に入れて飲んだ。直後胃がひっくりかえるほど

梅とともに並べられた福寿草の鉢植え（歌川芳玉『見立松竹梅の内　植木売りの梅』部分）

の嘔吐と激しい痛みが襲った。居あわせた長男の妻が病院へ運んだが、毒物による心室性不整脈で死亡した。その夫も妻につき合って少し飲んでいたが、夫の方は命を落とすようなことはなかったという。

◉常緑樹も落葉する

常緑樹とは日本の四季のうちどの季節でも緑の葉がある樹木のことをいうと述べたが、常緑とはいっても落葉しない樹木はない。常緑樹とは別のいい方をすると、落葉樹のように樹木全体の葉がすべて落ち、幹や枝だけのいわゆる裸木の姿とならないだけである。代表的な常緑樹の松は、春になると枝先から新しい芽を出すが、その新梢に新しい葉をつけるのである。春に出葉した葉はその年の春から夏に、さらに翌年の春から秋まで光合成にたずさわり、樹木の生育に必要な養分の生成に貢献する。二期の生育期の養分生成を終えた葉は秋になると枯れて落葉する。その時は、春に出葉した葉が大きく伸びて枝先に付いているため、ちょっと見では緑の葉があるように見えるのである。落松葉(おちまつば)には松やに分があるため、かつての農山村ではよい燃料として使われてきた。また火崗岩地帯の瀬戸内海沿岸は地味がやせているため松山がほとんどであった。年間降水量が少なく乾燥していたので塩田が各所につくられていた。その塩田に引き入れた海水を蒸発させ、濃縮した海水を底の浅い平らな塩焚き釜(「塩釜」ともいう)で煮つめて塩の結晶を作るのであるが、そのための燃料として松葉はよく使われた。筆者の生家は岡山県の東北部で美作台地と呼ばれるなだらかな丘陵の松山地帯にあった。谷田を耕作する農家で、わずかであるが松茸の生える松山をもっていた。松茸とともにシメジも生えていた。「匂いマツタケ味シメジ」と称され野生のシメジは近年スーパーなどで売られている「シメジ」などはとうてい敵うことはできない味がしたものである。筆者は小学生の高学年から中学生の当時、秋の松葉が落葉してしまった頃を見計らって松山へ出かけ、この地方でコマザラと呼んでいた竹製の熊手で松山の地面に落ちている松葉を掻き集め、目篭（めかご）と呼ぶ粗く編んだ竹篭に入れ、背負って松葉小屋へ運こび込んだ。秋の時季に集めてきた松葉を燃料として一年間風呂を焚きわかしたのである。風呂焚の燃料としては台所のかまど用の松割木などの上等の燃料は使わなかった。松葉でわかした風呂はまろやかであった。成人してからある所で石炭を燃やしてわかした風呂に入ったとき、お湯が肌をチクチクと刺激したので、燃料の質によってお湯の質のちがうことをはじめて体験したのである。

松は針葉樹だが、常緑広葉樹の代表の楠（くすのき）も落葉する。一本の木の全部の葉が落ちることはないのはもちろんである。五月ごろ楠の一部の枝の葉がパラパラと落ち始めその枝の葉がほとんど落ち尽くし、枝ばかりが目立つことがある。楠の葉は思いがけないほどの量であり、楠の立っているところの持主はその始末に困ることもあるようだ。楠は葉の落ちた後すぐに新葉が出始め、明るい黄緑色の葉で飾られ、それこそ目も覚めるほどの美しい木の姿となる。

二、最上級の吉祥――松竹梅

お正月や祝い事に縁起物として飾られる最も格上のものが松竹梅である。

松は昔から魔を払い、幸せを「待つ」樹木といわれてきた。雪が降り霜がおりる冬の寒さの中でも瑞々しい緑の葉を保っている気高さから「百木の長」と敬われ、常緑樹であるところから永遠と結びついて松といえば長寿のことをいうとされてきた。一方、竹はなよなよとして頼りなさそうに見え、冬に重い雪が降り積もったときは先をうなだれ地面に着けて曲がってしまっている。ところが、もはや折れてしまうに違いないと思っていると、風が吹いた揺れでドッと先端の雪を落とし、ピンと桿を跳ね上げ真っ直ぐに立つ強さがある。竹の葉も、「竹の秋」と呼ばれる時期には黄色く変わるところがあるものの、葉を落とすことはない。常緑の植物の一つである。梅は氷雪が凍りついている状態の葉もない細い枝から、あたかも春を寿ぐように美しく、馥郁とした香りのある花を開き春の到来を告げる。年の初め

松竹梅をあしらった華やかな着物
『打掛　白綸子地松竹梅鶴亀宝尽模様』
江戸時代、東京国立博物館

『松竹梅鶴蒔絵硯箱』
江戸時代、東京国立博物館

立林何帛（たてばやしかげい）『松竹梅図屏風』
江戸時代、東京国立博物館

に咲くところから、「花の兄」ともいわれる。ちなみに、「花の弟」とは、秋に咲く菊のことである。

この三種の植物の組み合わせは、中国を発祥とする。中国では、松・竹・梅は、「歳寒三友」といい、厳しい寒さの中でも萎れることなく耐え忍ぶ志の高さを象徴している。

「歳寒三友」は、もともとは「清廉・潔白・節操」といった文人（儒教の学問と文学の教養を備えた王侯貴族、官僚など支配階級の人びと）の理想を表したものとされ、宋代に盛んになった文人画の画題として好まれていたが、十四世紀の元時代以降は吉祥図案の中にも取り込まれ、広く器物の装飾などに用いられるようになっていった。

「歳寒三友」がいつわが国に伝わったのかははっきりしないが、南北朝時代の漢詩文集『空華集』には、「歳寒三友」を貞節の象徴にたとえて詠む義堂周信の漢詩が収められており、この時点では目出度い組み合わせとはみなされていなかったようだ。

江戸時代後期に刊行された風俗百科事典『嬉遊笑覧』によれば「こ

趙孟堅『歳寒三友図』宗時代、台北故宮博物院

「歳寒三友」
（中国の『吉祥図案集』より）

とぶきいわうめでたき器物などに、松竹梅をもようとす。漢土にはかかる事大かた奇数を用うることとなければ、是は本邦の俗と見えたり」とあり、この松・竹・梅という三種の組み合わせを目出度いとみるのは日本で発生した習俗と考えられている。中国では目出度いことなどに、奇数を用いない。中国では三月とか五月は悪月とされ、その月にすべての災厄が最も集中的に訪れる月であるから、それを防ぐ処置をする必要がある。そこから三月の節句、五月の節句が起こったといわれる。一方、わが国では七・五・三を陽数とし、これを目出度いと考える。松竹梅という、異質なもの三種の組み合わせを、目出度いとして飾るのはこのような民俗思想から出発している。この民俗思想も、松竹梅の形態美、色彩美、さらにこれにともなう感情とが融合して松竹梅の目出度さを生み出したともとらえられる。

　この民俗は、わが国の門松の変遷等から推察して、江戸時代以降のものと考えられている。正月の門松は

松竹梅を飾った門松（千葉県香取市）

鳥居清広『高砂と松竹梅』部分、江戸中期

平安時代後期からで、はじめは松だけを門口に飾っていたが、鎌倉から室町時代に竹が加えられ、さらに江戸時代に梅が添えられるようになった。梅が庶民のあいだに広がったのは江戸期のことで、それ以来、松竹梅の組み合わせは縁起物として日本人に好まれるようになったのである。

睦月の松竹飾と梅の鉢
（三代歌川国貞『暦中段つくし』ボストン美術館）

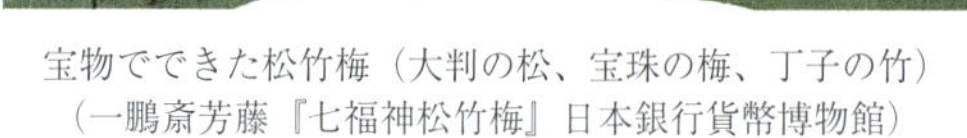

宝物でできた松竹梅（大判の松、宝珠の梅、丁子の竹）
（一鵬斎芳藤『七福神松竹梅』日本銀行貨幣博物館）

三、お金にまつわる縁起木——一両から億両まで

縁起木とは福を招く呪物（じゅぶつ）つまり呪（まじな）いのタネになるものだと前に述べた。その福とは庶民が滅多に手にできないお金のことをさしていることにも触れた。縁起木にはそのお金を名前にしている（もちろん別名も含めて）木がある。名前は一両からはじまって十両、百両、千両、万両と段階を踏んでいるところがおもしろい。

◉一両＝アリドオシ

一両とはアカネ科の常緑低木であるアリドオシの別名である。アリドオシは葉の先端部に鋭いトゲをもっているのが特徴で、このトゲが小さな蟻でも刺し通すとして名付けられたとされている。日本では関東以西の本州、四国、九州、沖縄に自生している。アリドオシはうす暗い林の中にまとまって生えて

いることが多い。もともと鋭いトゲがあるため庭木として植えるような木ではないが、他の樹木の根元や手水鉢（ちょうずばち）の傍に「根締め」として使われたりする。冬に赤い実をつけるので縁起木のもっとも下の位の一両に位置付けられて仲間入りしている。そして千両、万両とともに植えて「千両万両有り通し」と語呂合せして洒落（しゃれ）てみたりする。アリドオシの葉は長さ一～二・五センチほどの楕円形で厚みがあり表面に光沢があるため光を当てるとテカテカと反射する。うす暗い林内で生育しているので庭木として植えてもかなり日陰のところであっても赤い実をつける。果実は直径五～七ミリほどで十月ごろから成熟し、翌冬までの長い間枝に残っている。そのため赤い実が雪の降る冬でも「有り通す」として名付けられたという説もある。また別にはアリドオシの枝は横に広がるため、蟻ぐらいしかこの木の横を通ることができないという意味で「蟻通し」という名が付けられたとする説もある。山地の乾燥した林内に生える樹木なので庭に植えても土や日当たりを選ばないが、直射日光の当らないところがよく生育する。

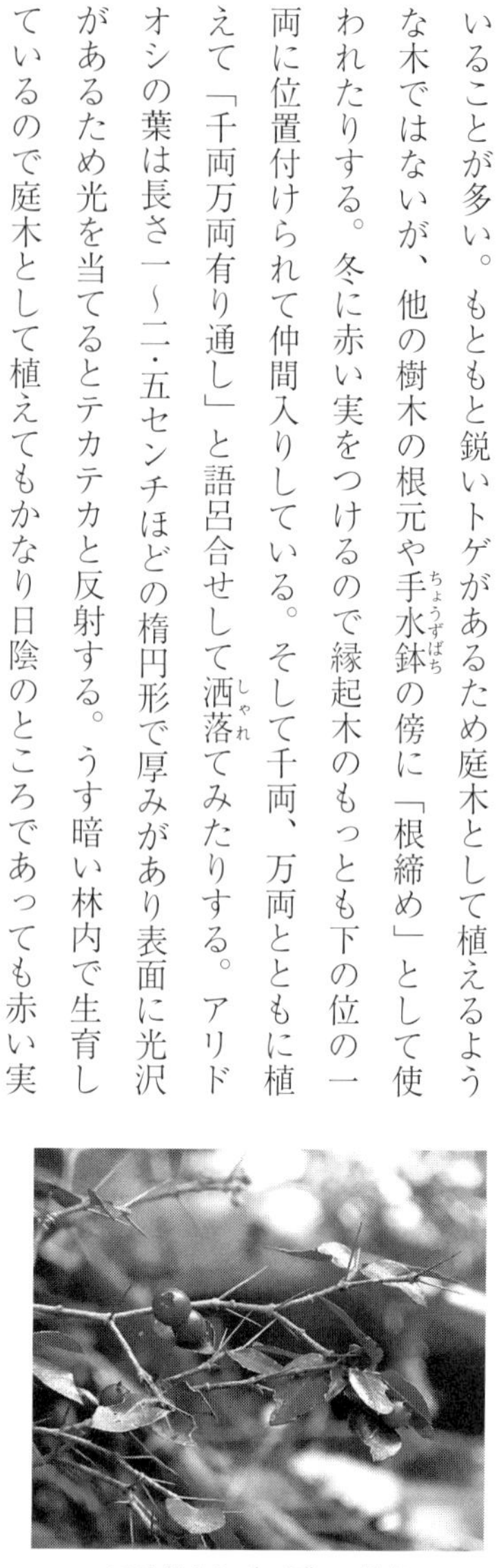
アリドオシ（一両）の果実

◉十両＝ヤブコウジ

十両は、北海道南部以南の各地に野生する常緑低木ヤブコウジのことである。ヤブコウジにはヤマタチバナの別名もあり、後述するカラタチバナ（唐橘）に対してヤマ（つまり藪）タチバナという意味だといわれている。タチバナ（橘）とコウジ（柑子）はともにミカンの仲間であるが、ヤブコウジはミカンとは縁の遠いヤブコウジ科に分類される植物である。中国名（漢名）は「紫金牛」。この根が淡紫色を帯びることに由来するといわれる。漢方ではこの根の乾燥品も「紫金牛」と称し、解毒剤として煎用する。

江戸時代の『貞丈雑記』には「祝儀のかざり物に用ふる山橘といふものはヤブコウジの事なり。このもの雪霜にもしほれず、細に赤き実なる物故祝儀に用ふるなり。正月の祝にも是を用ふるなり」とあり、ヤブコウジは昔から縁起のよい、嘉祥の木とされていた。特に新潟の一部では明治に入っても栽培熱が続いており、明治中期には新潟県を中心に園芸品種が数多く作られ、一大ブームを巻き起こした。人気が高い品種は投機の対象ともなり、常軌を逸した高値で取引されていたという。

ヤブコウジは今でも鉢植えにして正月飾りとされている。冬まっ赤な実がぶらりとさがる。夏に白い

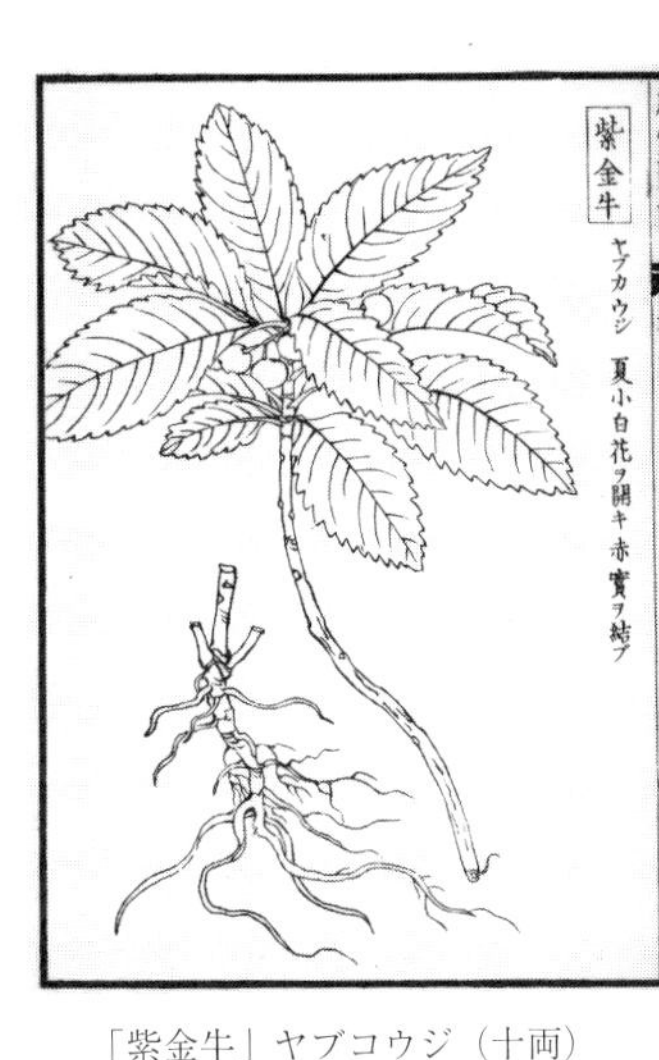

「紫金牛」ヤブコウジ（十両）
（『本草綱目啓蒙図譜』嘉永２年）

アリドオシ（一両）の果実と花（右）

ヤブコウジ（十両）の果実と花（左）

梅の木と雪をかぶったヤブコウジ（十両）
（酒井抱一『四季花鳥図屏風』部分、陽明文庫）

小さな花が咲き冬に赤く熟れて美しい。
藪甘子は俳句では冬の季語とされている。

藪甘子かかる里輪に眼鏡橋　中村草田男
木濡れ日を返し瞬く藪甘子　廣瀬千代子
近くまで日の射している藪甘子　さかいのこなみ
鎌倉の日蔭日なたの藪甘子　森山英子

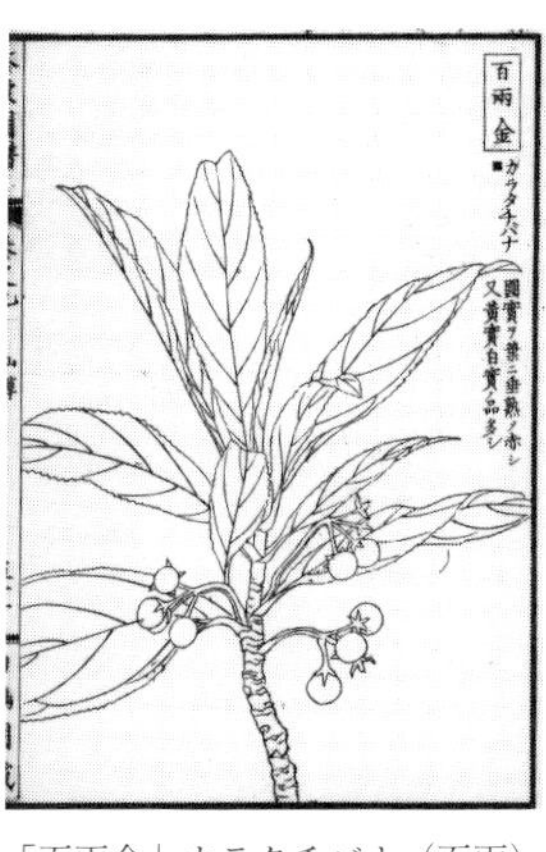

「百両金」カラタチバナ（百両）
（『本草綱目啓蒙図譜』嘉永２年）

◉百両＝カラタチバナ

百両はヤブコウジ科の常緑低木のカラタチバナ（唐橘）の別名である。カラタチバナをどうして百両というようになったのかというと、日本林業技術協会発行の『木の名の由来』（深津正・小林義雄共著）によれば、「中国の古い植物名に百両金というのがある。日本では江戸時代初めに中国から渡来した『本草綱目（ほんぞうこうもく）』によってその名が知られ、わが国の園芸家はこれをカラタチバナに当てた」としている。カラタチバナを百両と称し意味するようになったのは、中国で百両金という名があったからであり、日本人が縁起のよい赤い実をつけるので命名したものではなかったのである。同書はまた発行当時で最新と認められる『中国高等植物図鑑』をみると、カラタチバナに百両金という正名を与えていたと述べ、中国では日本でいうカラタチバナを百両金として公認していることを記している。なお、『本草綱目』とは中国の李時珍が著わした代表的な本草書で一五九六年に成っている。本草八九〇余種の名称の解釈、生態、薬効や処方などについて説明されており日本の本草研究に大きな影響を与えた書である。

江戸時代中期には斑入りや葉型の変化したカラタチバナが大流行した。下図右の「鳳凰尾」は葉が通常よりかなり細く、左の「矮鶏葉」は添え書きに「カタチ至テ小サシ」とあるように、矮小になっている。変異品のなかには、百両どころか一鉢で二百両、三百両もの値がついたものもあり、このような流行を反映して、寛政九年（一七九七）にはカラタチバナに関する本が三点も出版されている。

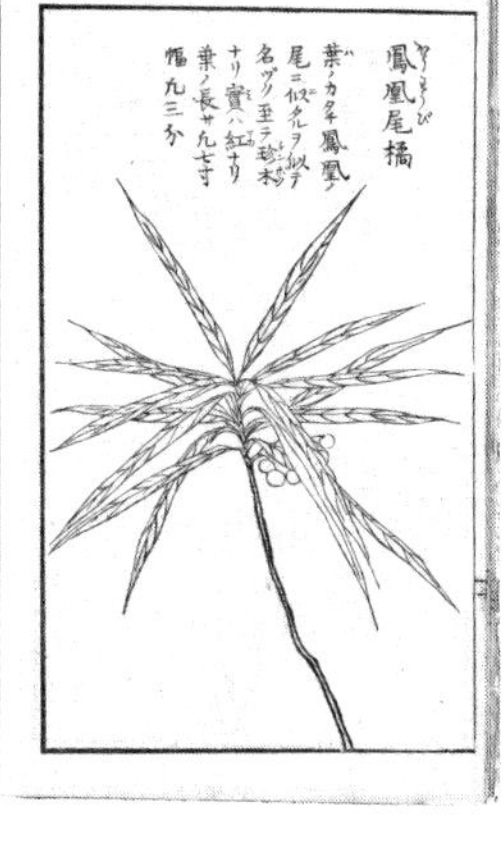

カラタチバナの変異品
「鳳凰尾」（右）と「矮鶏葉」（左）
（木村俊篤編『橘品類考 前編』寛政九年
国立国会図書館）

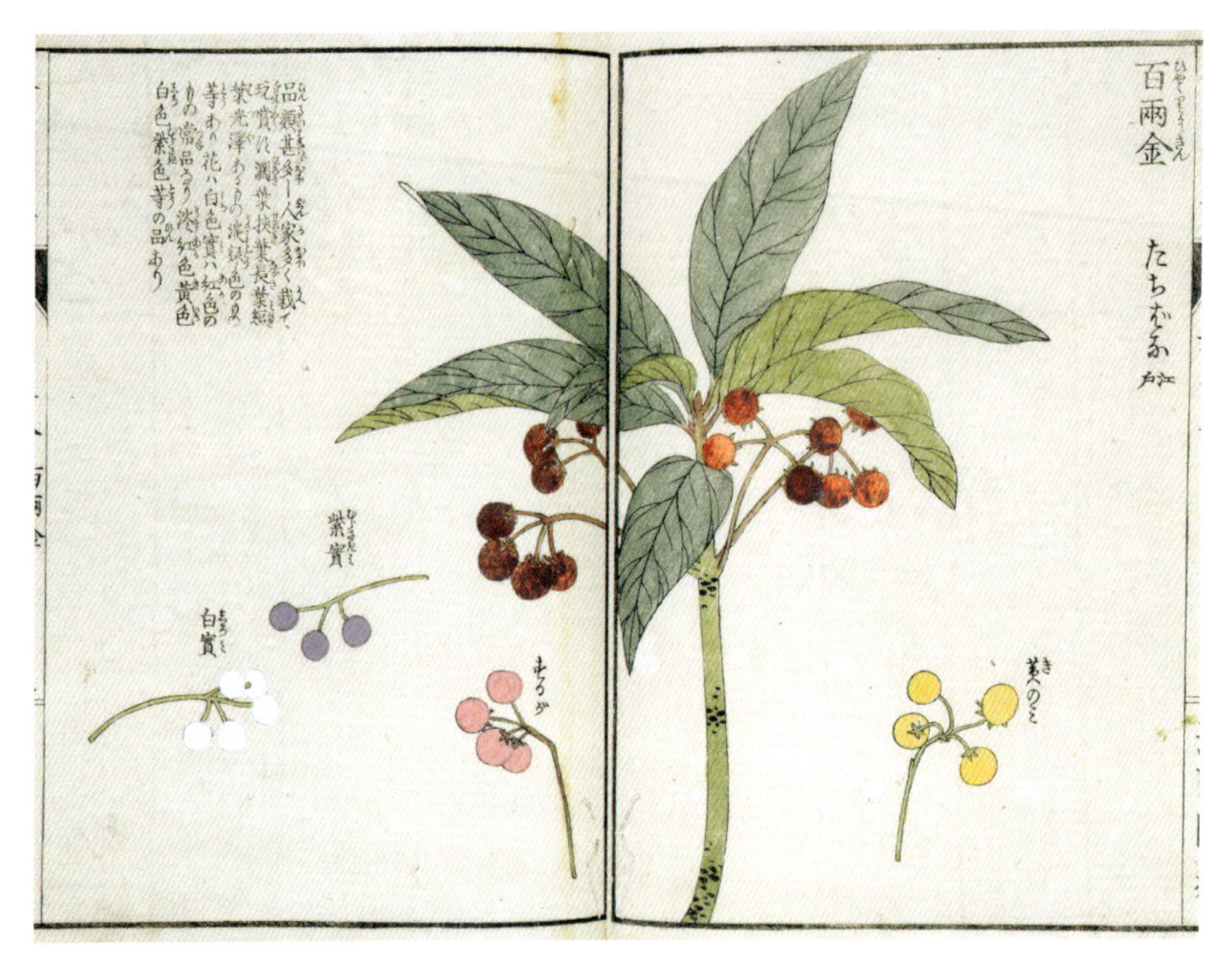

江戸後期に描かれた「百両金」（カラタチバナ）
（岩崎灌園『本草図譜』文政11年完成、田安家旧蔵の写本、国立国会図書館）

カラタチバナ（百両）の果実と花（右）

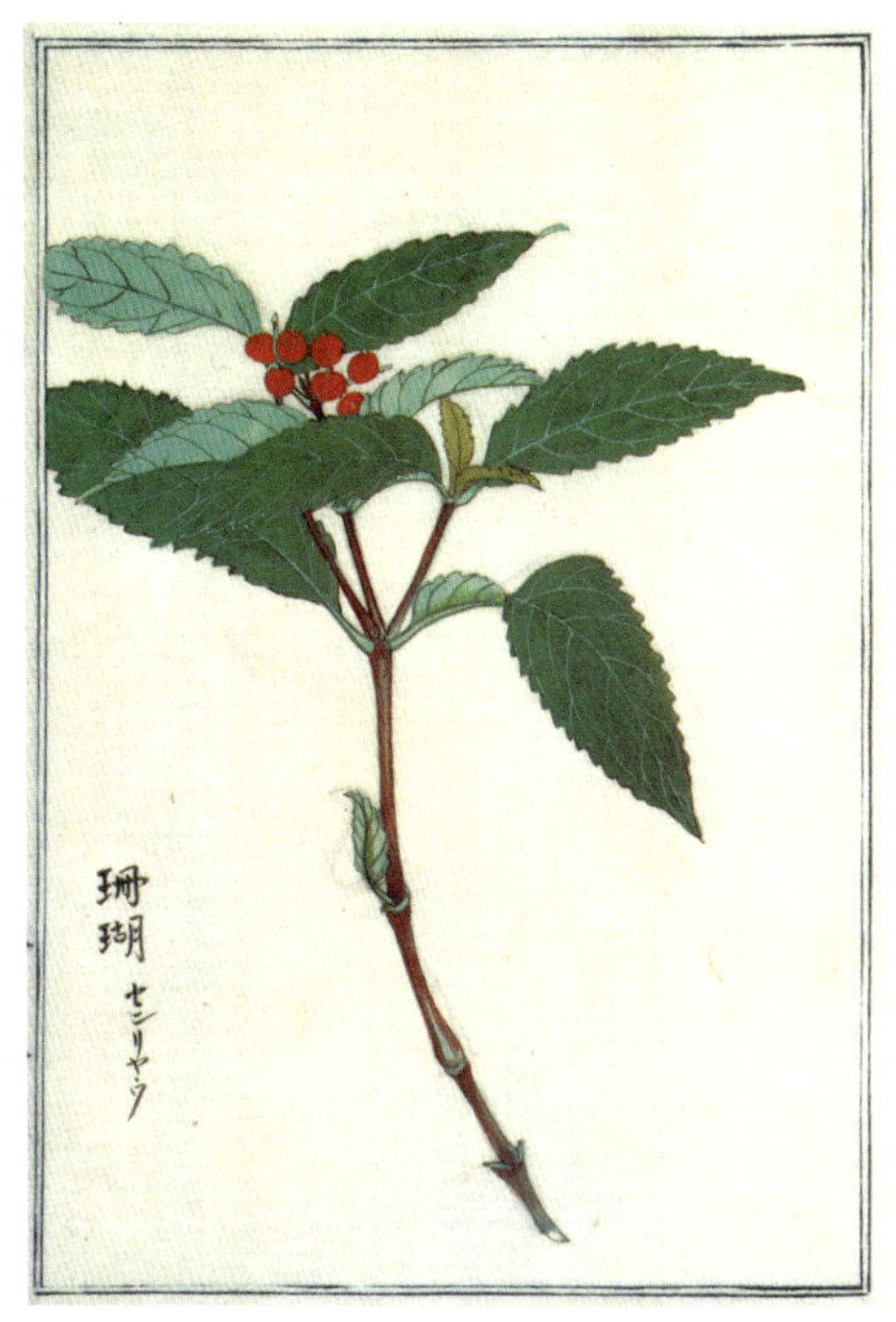

江戸末期に描かれた「珊瑚」（センリョウ）
（高木春山『本草図説』西尾市立図書館岩瀬文庫）

下・左＝センリョウの果実
下・右上＝センリョウの花
下・右下＝キミノセンリョウ

◉千両＝センリョウ

千両はセンリョウ科センリョウ属の常緑低木センリョウである。センリョウは常緑なので降雪のある冬季でも瑞々しい緑の葉を保っており、梢の部分にまっ赤な果実を盛りあげるように実らせているので、赤い実と緑の葉が調和して美しく、花の少ない冬、ことに正月にはなくてはならない花材としてもてはやされている。千両の名前は、先述の『木の名の由来』によると、中国名を借りたカラタチバナの百両よりも果実の形が大きいので百両金に対して千両といったものらしいと推定している。千両の中国名（漢名）は「草珊瑚（くささんご）」という。この場合の珊瑚は色の赤い紅サンゴであろうと思う。江戸中期の『花彙（かい）』（小野蘭山・島田充房共著、明和二〔一七六五〕年）には「青珊瑚」と記されているが、これは誤用かもしくは若い実を指したものであろう。センリョウは、スダジイ、アカラシ、ツバキなどが繁茂する暖温帯の常緑広葉樹林のうす暗い林床に生え、秋から冬にかけて果実が赤く美しく熟す。生花や鉢物として観賞される。栽培品のなかには果実が黄色に熟すキミノセンリョウ（黄実千両）がある。千両（実千両とも）は俳句の冬の季語とされている。

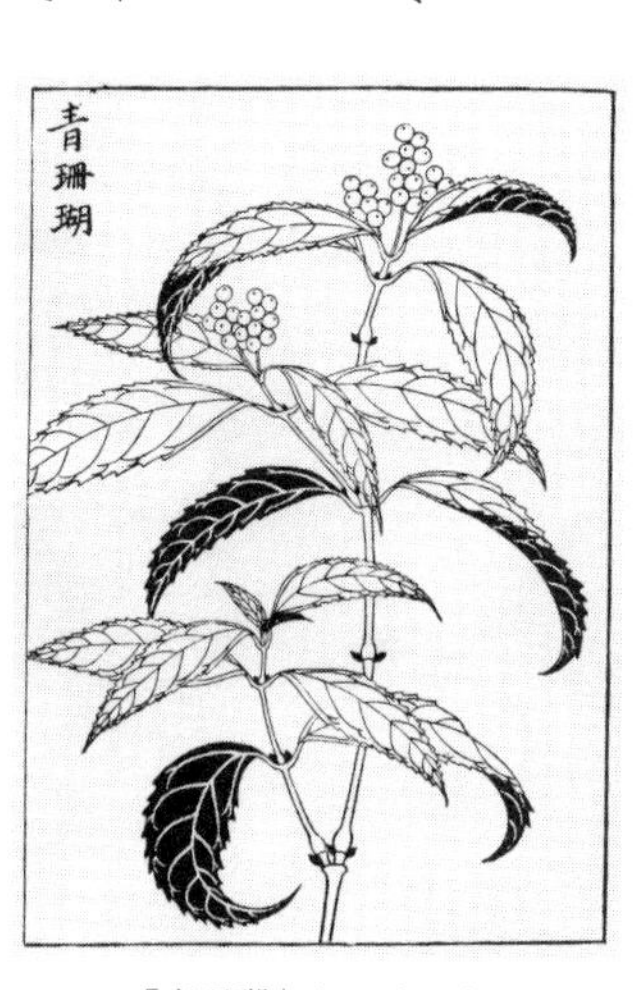

「青珊瑚」センリョウ
（『花彙』明和２年）

名は千両といふ明るくて寂しくて　有働　亨
実千両明日につなぐ灯をともす　西村昌江
かろやかに渡る飛び石実千両　江東千代
母の歳いくつ越えしや実千両　大谷栄子

◉万両＝マンリョウ

センリョウとともに正月に縁起物とされる、冬に赤い実をつける樹木にマンリョウがある。センリョウが木の先端部つまり葉の上に実をつけ、一目で赤い実が見られるのに対し、マンリョウの方は幹の先端近くで分岐した枝の下側にまっ赤な実をつけるのでセンリョウとは容易に区別できる。マンリョウもセンリョウと同じように暖温帯の常緑広葉樹林下のうす暗いところに生育している。万両は東アジアか

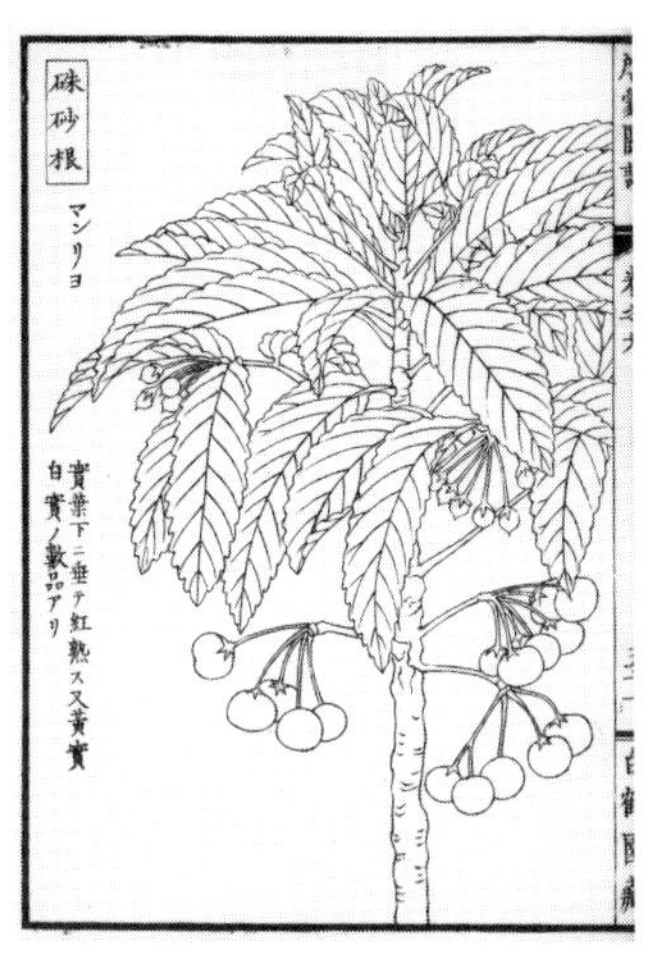

「硃砂根」マンリョウ
（『本草綱目啓蒙図譜』嘉永２年）

江戸後期に描かれた「硃砂根」（マンリョウ）
（岩崎灌園『本草図譜』文政11年完成、田安家旧蔵の写本、国立国会図書館）

マンリョウの果実（右）と花

宮崎市・双石山(ぼろいしやま)に自生するミヤマシキミ

熟しかけたミヤマシキミの果実。有毒である。

らインドにかけて分布し、日本では関東以西の本州、四国、九州に自生している。庭木や鉢物として栽培される。マンリョウはヤブコウジ亜科ヤブコウジ属の常緑低木で根元から新しい幹を出して株立ちとなる。梢近くの小枝の先に白い花を開き、果実は十月ごろに赤く熟し、翌年二月ごろまで見られる。万両の名は江戸中期のころ千両よりも実が大きいところから名付けられたらしい。中国名（漢名）は「硃砂根」という。

辻井幸一著『続・日本の樹木』によると、「厄介なことにセンリョウの別名にマンリョウがあり、マンリョウの別名にセンリョウがある上、ヤブコウジ科にはイズセンリョウ属というのが含まれており、これがまたちょっと形が似ている」とおもしろいことが記されていた。

万両（実万両とも）もまた俳句では冬の季語とされる。

万両に雪積もりをりいつも低く　東　徹夫
金婚の雨の夜明けの実万両　益田　清
百両へ万両の鉢運ばるる　姉崎蕗子
万両や信徒の声の滴つるごと　山口　梢

万両はいわゆる古典園芸植物の一つで、多様な品種群が選抜されている。栽培品種のなかには果実が白色や黄色のものもある。では、古典園芸植物とはどんな種類の植物か。その範囲や定義は明確になっていないと、中尾佐助は『花と木の文化史』のなかでいう。具体的な植物名としては、マツバラン（松葉蘭）、イワヒバ（岩柏）、オモト（万年青）、セッコク（長生蘭）、フウラン（富貴蘭）、フクジュソウ（福寿草）、サクラソウ（桜草）、ヤブコウジ（藪柑子）、マンリョウ（万両）、カラタチバナ（唐橘）の名が挙げられている。同書は万両についても触れているので要約する。万両の仲間は日本ではマンリョウ、ヤブコウジ、カラタチバナという三種があり、いずれも重要な古典園芸植物であって、観賞の中心は冬の赤い実である。万両は日本庭園ではいちばん普通な木で小鳥の糞によりひとりでに生えてくる。栽培品種は二〇種ほどある。いちばん小さな木のヤブコウジは中国・明代の『本草綱目』に「紫金牛」として出ており薬用植物であった。日本でも古くから知られ、『万葉集』には「山橘」と詠まれている。ヤブコウジは江戸寛政期には四五品種あり、現在では二〇品種ほどが残る。同書は、カラタチバナは近世の寛政、文化、文政の頃に大流行した。古典園芸植物を育て保持してきたのは、中流階級の人たちで社会的最底辺の庶民ではなかったと分析している。

19世紀にヨーロッパで描かれたミヤマシキミ
（シーボルト&ツッカリーニ『日本植物誌』1巻、1835-41年、京都大学附属図書館）

◉億両＝現代の縁起木ミヤマシキミ

ここまで一両から万両までの縁起木について簡略に記してきたが、インターネット記事をのぞいていたら、冬の十二月から翌年二月ごろまで球形の赤い実をつけるミカン科の常緑低木のミヤマシキミを万両の一万倍の億両(オクリョウ)とも称するとあった。出典が記されていないのでどんな書にあるのかは不詳である。江戸期にはお金で億の単位を使うことはなかったはずなので、この名称が使われるようになったのはインフレになったごく最近のことだろうと推定する。時期としては宝くじの一等賞金が一億円となったあたりか、それともいわゆるバブル景気で不動産価格が高騰し、マンションが何千万単位の万ションではなく、一億円を超え億ションと呼ばれるようになったあたりではなかろうか。バブル景気時代は億万長者と称される金持ちを誕生させている。縁起木の名前の単位も最高額が万両どまりであったものが、バブルのように膨らんでついに億にまで至ったのであろう。

ミヤマシキミは漢字では深山樒と書く。名称に樒(しきみ)と付いているように有毒植物の一種で葉や果実に毒をもっている。特に葉に多くの毒が含まれており、誤って食べるとけいれんを伴う中毒を起こす。毒も使い方によっては薬となるのでかつては頭痛や目まいなどに民間薬として用いられていた。煎じ汁は虫下しとされた。ミヤマシキミの名は枝葉の様子が仏事に用いられる樒と似ており、山中に生育しているところから付けられたという。樹高は六〇～一二〇センチとなる。雌雄異株。四月から五月ごろ枝先に白く香りのある花を多数つける。果実は径八～一〇ミリで十二月より翌年二月に赤く熟す。庭木、生け垣、観賞用として栽培される。

江戸末期に日本に滞在したドイツの医師で博物学者のシーボルトは、その著『日本植物誌』でミヤマシキミを取り上げ、「香りはとても心地よく、ジンチョウゲを思わせるものがあり、ことに夕暮れ時には強く匂う。……常緑で光沢のある葉、早春に枝先につく、沢山の花がつく花序、その香り、そしてまた、晩秋に実る美しい赤い果実、こういった特徴からしてこの植物が観賞植物の中で重要な位置を占めているのも当然ということになる……」と、高く評価している。

四、難を転じて福となす――南天

筆者の住む大阪府枚方(ひらかた)市はさほど都会とは思えないが、人口は四〇万人を超え、国の中核都市として指定されている。その東の町はずれの池之宮という町名の住居の猫の額ほどの庭にも南天の木はある。この町の中では、昭和の初めごろから住んでいるいわゆる土地の人（旧家）の庭はもちろんのこと、散歩のついでに覗いてみると、ほとんどの家で庭に南天が植わっている。赤実のもの、白実のものもある。南天には紫色のものもあるとされているが、筆者の町では見かけたことはない。拙宅の南天は、ここに引越してからしばらくした頃、隣家の門の横にある南天がすばらく大きな房のような実をつけていたので、ご主人にねだってその実をいただき、わが家の庭の隅に埋めておいたものが芽を出し、二十数年を経て、高さは三メートルくらいに生長し、家の軒に触れんばかりになっている。実生(みしょう)の双葉から生長し、茎が立ってきても、脇芽を取ることもなく、株が増えるにまかせていたところ、今は二十数本の幹が一つにまとまって株立ちしている。二十数本の梢が集合しているため鳥の巣状というか、巻のゆるいキャベツの葉のような形となっている。ある年の五月の頃、デデッポッポウ、デデッポッポウと山鳩の鳴く大きな声が聞えてきた。近くにいるに違いないと、姿を探してみたが見つからない。

山鳩の棲む里山は、南方五キくらいのところに連なり奈良県と大阪府の府県境をつくり出している生駒山地であるが、さきほどの声は確かに至近距離から聞こえたと、けげんな気分であった。

二、三日のちのこと、わが家の横にある道路上に小米をばらまいたように南天の花がこぼれ落ちていたので掃除をしていたところ、かたわらの南天の株立ちの上方でガサガサと音がした。頭を上げると、鳥の羽根のようなものが見えた。なんと、可愛い頭をキョロキョロと動かしている山鳩が一羽いるではないか。巻きはじめたキャベツのような恰好の南天の梢の集合部分に巣を作っていたのだ。町中で見かけるドバトが、学校の教室のすぐ横で巣づくりをしていたのは見たことがあるが、野鳥の山鳩が、人家の軒下の樹上に巣を作るものははじめて見た。産卵して巣ごもり中の様子だったので、そのまま見守ることにした。南天の梢は複葉の大きいものなので、少し風が出ると樹木全体がゆさゆさと揺れ動いていた。それでも山鳩は飛び立とうとしない。山鳩には巣をゆさぶるのが人間ではなく、自然の風だとわかっているのであろうか。

孵化を楽しみに見守っていたある日、拙宅の周りに大風が吹いた。ちょうど南天の木のあるところが風道にあたっていたのだろう大揺れに揺れた。親鳩はその揺れに危険を感じたのか飛び立って逃げていった。卵は巣の中で転げていたが、ついに道路に落ちて割れてしまった。大風の後、路上を掃除していると、破れた卵のカラが見つかり、可愛そうなことをしたと山鳩のため悼んだ。来年また巣づくりに来るだろうと、南天はそのままにしていたが、その後、何年経っても山鳩は二度とあらわれなかった。あんな危険な場所に巣を作り卵を産むものではないと、野生の本能で学習したものであろうか。

筆者宅の南天は一本の木から出た脇芽がより集まって二十数本の一株となっているが、二十数本はそれぞれ一本の幹として識別できる。相隣同士の樹木は、幹と幹が触れ合うようになると、相生松のように一つに癒合することがある。京都の金閣寺の茶室には南天の床柱(とこばしら)があるとの話だが、床柱とする程大きい南天の木を見たことはない。一本の木ではなく寄せ木だとの説もあるらしい。拙宅の一株で二十数本の幹のある南天は、北山杉の床柱をつくる要領できつく縛ってまとめておくと接っした場所が癒合して一本の木になったのではなかろうか。試してみる価値はあったはずだが、惜しいことをしたと思っている。

南天は五~六月に白い六弁の小さな花を円錐状に咲かせ、その一つの花弁がハラハラと落ちこぼれる。南天の花は「花南天」と呼ばれ、俳句では夏の季語である。

花南天実かたちして重し　　　長谷川かな女
朝掃けば夕やにこぼる花南天　　　新良祥子

この句のように午前中にこぼれ落ちた花南天を掃き集めてきれいに掃除しておいても、いつの間にか南天の花はこぼれ落ちていて、夕方には小米をまき散らしたようにあたりは白く小さなツブツブの花でおおわれている。一見小米のように見えるが、小鳥たちにはやはり食べ物には見えないらしくて、花南天の散り落ちたところでスズメの姿を見たことはない。

こぼれ落ちた花南天を掃き集めてみると、意外なほどの量である。

今年の実はよく成るだろうと思ってホクホクしていたが、年末になって赤い実のついた果穂をみると、一つの果穂に五つか三つ程度で、多くても一〇粒もついていない。正月の花として飾るにはもの足りない。同じ町内の戦前から住んでいる旧家の堀越しに見られる南天は、果穂に赤い実をびっしりつけて頭を垂れている。都会の南天は実をつけないと聞いたことがあるが、樹勢は盛んな上、沢山の花を咲かせるので、ほかに原因があるだろう。そう言えば花の咲いている時期に、花の周りを昆虫が飛び回っている姿をほとんど見かけなかった。虫媒花である南天は、南天の蜜を好む昆虫が減少しているせいで実らないのかも知れない。

ナンテンはメギ科ナンテン属の常緑低木。原産地は中国で日本でも暖地に野生しているが、これは古くに渡来した栽培種が野生化したものではないかともいわれている。山口県萩市川上の「川上のユズおよびナンテン自生地」は、昭和十六（一九四一）年に国の天然記念物に指定されている。

南天の習俗であるが、以前は七五三や節句など祝い事のときには家で赤飯を炊き、重箱に詰めて南天の葉を一枚上に置き、親戚や近所に配ることが全国的に行われていた。最近は赤飯は炊くが近所や親戚に配ることはほとんど行われていない。我が家では栗をもらったときには栗ご飯を炊く。そしてパックに詰め、南天の葉を一枚置いて、近所に住む孫娘に持ち帰らせる。南天の葉にはナンニジンという成分が含まれており、ご飯の熱と水分によってチアン水素を発生させる。このチアン水素がご飯や一緒に詰めたおかずが傷むのを抑える作用をする。

宴会などの際、料理がなくなっても料理に添えて出された南天の葉だけは最後まで残っている。このことから土佐地方では、最後まで飲みつづけ、なかなか席を立とうとしない人のことを「ナンテン

天然記念物の「川上のユズおよびナンテン自生地」（昭和16年8月1日指定）

組」というのだそうだ。

南天は日本での呼び方の「ナンテン」が「難を転じて福となす（難転）」に通じることから縁起木とされ愛されてきた。戦国時代には鎧びつ（鎧を入れておく蓋つきの箱）に南天の葉を収め、出陣の際には枝を床に挿し勝利を祈った。正月の掛軸には水仙と南天を描いた「天仙図」が縁起物として好まれた。江戸時代には南天はますます尊ばれるようになった。江戸時代の絵入り百科事典『和漢三才図会』には、屋敷の一カ所に南天を植え魔除けとする。庭に植えておくと火災を避ける、効果があると記されている。そのためどこの家にも南天が「火除け」として植えられるようになり、さらに玄関前にも植えられるようになった。

江戸時代にはまた、病気が全快したとき「難を転じて助かった」幸運の印として南天の葉を赤飯の上に表向きにして添え、逆の場合は裏向きにして不幸にならないようにと願った。

南天は新年の生け花としてよく使われる。正月の床飾りの生け花にして喜ばれる若葉色の小柄で姿のよい若枝を作る方法として、初秋の頃、畑で一株の葉を全部残らず摘みとって新葉を吹かせるのだとい

『和漢三才図会』の南天

南天の赤極まれり女坂　佐々木佳子
一病は一芸のうち実南天　小澤　冗
不満ぶち切る南天赤い実をもち　田中　穂
首塚に南天の実の血のごとし　余田厚子

南天のさまざまな品種は江戸時代に作り出され、盛んに栽培された。南天の実はふつう赤実であるが、白い実のシロミノナンテンも自生している。白実南天のほか黄実のものも紫実の南天（フジミナンテン）もある。このフジミナンテンは東京都青梅市にあると桜井元は『やぶれがさ草木抄』に記している。また白実と紅実の混った更紗（さらさ）の南天もあるとのことである。

南天の実には薬効があり、魚の中毒、百日咳、喘息の妙薬とされている。白実のものがよいと世間ではいうが、白実に限ったものではない。魚の中毒にかかっ

ナンテンの様々な園芸品種（『草木錦葉集』文政12〔1829〕年）

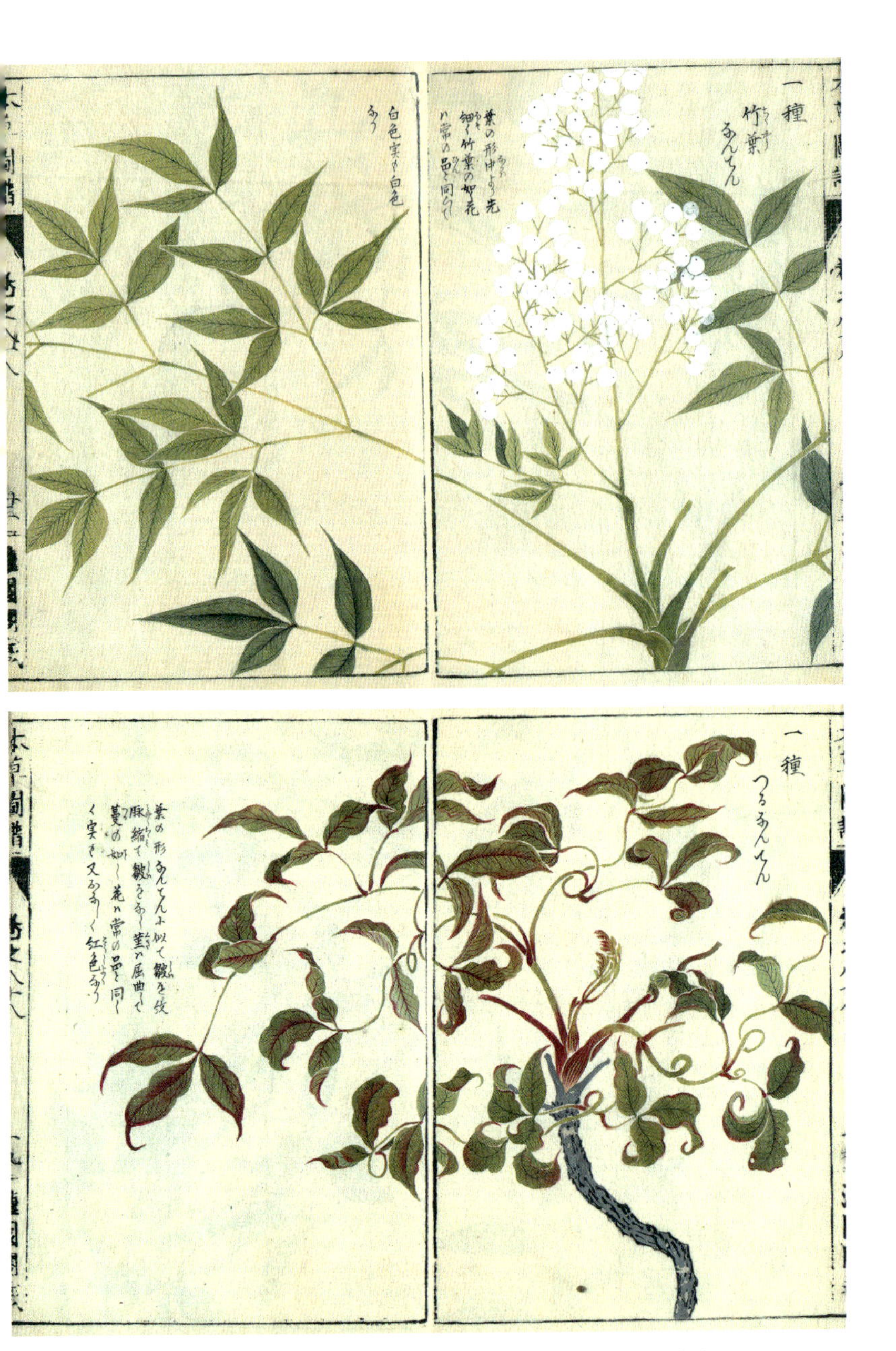

江戸後期に描かれた「竹葉なんてん」（上）と「つるなんてん」（下）
（岩崎灌園『本草図譜』文政11年完成、田安家旧蔵の写本、国立国会図書館）

江戸後期に描かれた「南燭」（ナンテン）
（岩崎灌園『本草図譜』文政11年完成、田安家旧蔵の写本、国立国会図書館）

新春の竹林に鮮やかな紅をさす南天

たなら、南天の生葉一枚をよく洗って、噛んで呑み込むとよい。その際吐くことがよくあるが、そのほうが効果的である。葉一枚というのは小さい葉一枚ではなく、小さい葉の沢山ついている複葉一枚のことである。

南天は「難転」という当て字と、ナルテンすなわち「万事成就する」という俗説からも、民俗上喜ばれている。不良消化による病気を退けようとして、南天の箸が使われ、幼児がはじめて箸を使う時には南天の箸を用意する。

仙人の杖は南天であり、床柱にすれば一家安泰であるという。

南天の木の高さが軒より高くなると長者になるとか、その反対に家より高くなると借銭が増えるといって嫌う地方もある。岐阜県加茂郡東部の山間では、南天は家の戸口に植える。その理由は、悪夢を見た時起きて外に出て南天に告げれば夢の悪魔が除かれるという。また戸口にこの木があれば盗人が入れないともいう。

江戸時代の園芸事典である『花壇地錦抄』に、手水鉢の近所、雪隠（便所のこと）のあたりに植えるとある。手水鉢の周りに南天を植える理由は、「南天手水」と称してお手洗に水がないときは、南天の葉で手を清めるためである。また昔は手水鉢は家の外にあるのが普通だったので、お年寄りが手洗いで転んだり倒れたりすることが多かった。そのため「南天の木につかまる」（難を転ずる）ことが目的であった。つまり不浄除けと生活の知恵がかかわっていたのである。

南天を植える場所としては、生垣、実生垣、ことに交垣（まじりがき）によいし、根締、境栽、腰植などとして用いられる。

近江地方（滋賀県）では、南天は算盤（そろばん）の珠（たま）の音を忌むため、商家に植えても生育しないと言われている。

南天は生け花用の切り花として根元近くから伐りとって市場に出荷される。大阪府河内長野市の天見（あまみ）では「天見南天」と称し、石垣の上、田畑の畦畔、空地などに植付けられている。天見地方は砂質壌土で傾斜地が多く、排水がきわめてよく、ここで生産される南天の切り花は水揚げがよいといわれている。同時に実の房の保ちもよく、戦前は一〇町歩（約一〇ヘクタール）くらいの地域で栽培されていた。品種は並葉を主とし、並葉白実を薬用として生産する。最も市場に迎えられるものは葉形の小さい節間の縮少したもの、採取期にやや紅葉したもの、実の房が下に垂れないものである。花束、花輪、切り花、仏花向きで果穂に一葉つけて切る程度なので樹勢が弱らない。大阪から仲買人がきて、時期になるとパートを雇って切りとらせ市場へ出している。

南天の収穫

江戸後期に描かれたヒイラギ
「狗骨」は本来セイヨウヒイラギを指すもので、この名前は誤用である。
（岩崎灌園『本草図譜』文政11年完成、田安家旧蔵の写本、国立国会図書館）

ヒイラギの花

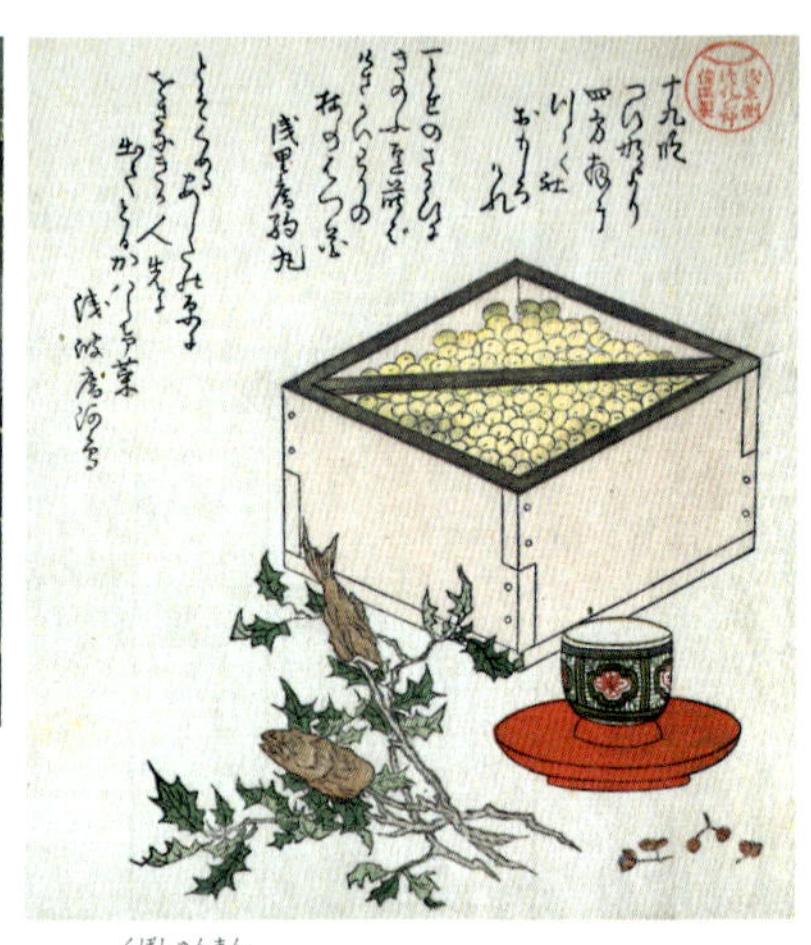

窪俊満「節分の鰯柊と豆」江戸後期
メトロポリタン美術館

五、厄を除ける鋭いトゲ——ヒイラギ

ヒイラギは地方によっては厄除けの木として門口に枝葉を挿し、また門口に対にして植えられてきた。門口から入ってきた鬼がヒイラギの葉のトゲで目を突くと信ぜられ、家の中にまで入ってこない厄除けの縁起木とされている。そのことについて諸江辰男は『香りの風物誌』のなかで、「むかし鬼がある村に入り込み、空腹のあまり人を食べようとしたが、ヒイラギの葉で目を突かれ退散したという古い伝説にもとづいている」と記している。都会でも庭木として植えられる樹木の一つで、鋭いトゲのある硬い葉をもつ常緑広葉樹の小高木である。上原敬二は『樹木大図説』で「煙害に強く、トゲが強いので都市においてすすめたい庭木である」と、都市の庭木の一つとして推奨している。樹勢が強健で剪定にもよく耐えるので庭木としても取扱いは容易である。筆者居住の枚方市でも庭木となっているヒイラギを割合よく見かける。なかには枝を三～五段の傘状に刈りこみ、重ね傘の樹形にしたものもある。

ヒイラギはモクセイ科モクセイ属の常緑樹で、漢字表記では昔は「⿰木疼木」としていた。⿰木疼は「ひいらぐ」（痛む）という意で、葉のトゲに触れると疼痛を起こすところからきている。いつの頃からか「⿰木疼」の字から「疒」（やまいだれ）がなくなり、現在では「柊」となっており、他のほとんどの広葉樹が葉を落とす冬になっても緑の葉を保っているため、「冬の木」という意味をもつようになった。

似たような形のヒイラギモクセイは、ヒイラギとギンモクセイの交雑種といわれ、葉はヒイラギより大型で縁にはあらい鋸歯があるが、結実することはない。

ヒイラギは本州の関東から沖縄にまで分布が及んでおり、台湾の山地の温帯林でも自生している。幹は直立する。葉の縁の鋭いトゲは、老木の梢では鋸歯（きょし）のない全縁となっている。また園芸種の中には葉のへりが白く縁取られた斑入りのものもある。

江戸時代の『草木奇品家雅見』に描かれた「斑入丸葉ヒイラギ」（右）と「反り葉ヒイラギ」（左）

自生するヒイラギを園芸用に改良するのが盛んになったのは江戸時代中期で、江戸後期になると、さらに品種改良が進み、珍奇な園芸品を集めた『草木奇品家雅見（そうもくきひんかがみ）』（文政十（一八二七）年）には、葉が黄色の「黄金ヒイラギ」や、丸葉で黄斑が入った「斑入丸葉ヒイラギ」、葉が反り返った「反り葉ヒイラギ」など七種が紹介されている。

葉の形には変異が多く、ほとんど鋸歯のない全縁から葉先の半分だけあるもの、粗いもの、トゲの鋭ったものまでいろいろである。トゲの多いものを雄、トゲの少ないものを雌に見立て、地方によっては「オン（雄）ヒイラギ」、「メン（雌）ヒイラキ」とも呼ばれる。

ヒイラギは硬い葉の鋭いトゲを利用した垣根として最高の樹木である。刈込みにもよく耐えるので、刈り込んで枝葉を十分に繁らせた生垣は、少しくらいの隙間ができても鬼ですらトゲで目を突くと怖れるくらいなので、普通の人は這い込もうという気は起らない。また、ネズミが壁に開けた穴から出入りするとき穴のそばにヒイラギの枝を置くと出入りしなくなるといわれている。

ヒイラギの材は堅く、独楽（こま）やソロバンの珠や将棋の駒として使われた。木目は白く、切り口に白い花の紋があってモクセイのようである。

ヒイラギは雌雄異株である。花は十月～十二月に腋出（えきしゅつ）する。樹木の花のうち愛でられるものは数多い。その中で形でなく香りを愛されるものの一つにヒイラギがある。ヒイラギの花は白色で芳香をもつ。また樹木の花は春から夏、秋期に咲くものが多く、秋の終わりから冬に向かって咲くヒイラギは、数少ない例である。果実は小さくはじめは緑色をしており、翌年五月に熟すと黒色になる。ヒイラギによく似た木で果実が赤く熟する木があるが、こちらはモチノキ科のセイヨウヒイラギ（西洋柊）で、クリスマスの時、赤実のついた枝でリースを作って飾られる。セイヨウヒイラギはキリストがかぶった茨の冠がトゲのある葉となり、その流した血が赤い実となったといわれる。セイヨウヒイラギはヨーロッパ原産であるが、日本でも昔からよく庭木として使われている。『大和本草』は「木の皮を煮て鳥もちにす」と『大和本草批正』も「モチノキ類ゆえ『もち』をとるべし」として、ヒイラギとセイヨウヒイラギを間違えている。

　西洋人がクリスマスにセイヨウヒイラギの赤い実のついた枝を飾るのは、セイヨウヒイラギが落葉した木ばかりの林の中でよく目立つ緑の葉と赤い実をつけているからで、常緑は永遠とか変わりないこととしてドルイド教徒がクリスマスツリーに使われる樅の木やブナの木にあるヤドリギ（宿木）のように聖なる樹木として崇めていたものが、後世になってクリスマスの飾りとして用いられるようになっ

セイヨウヒイラギの妖精
（S.バーカー画、1927年）

たのである。カトリックのローマ法王が「クリスマスはわれわれに永遠というものを気付かせてくれる」と述べるのを、平成三十（二〇一八）年十二月八日のＮＨＫテレビが放映していた。

前述の『樹木大図説』は「秋葉山民の説に同山中直径七八寸（二メートル余り）のヒイラギあり、天城山にては材を以て櫛を作ると聞けり」と、大木になるものがあることを記している。

大木のヒイラギについては、『続日本紀』の文武天皇太宝二年正月八日の条に、造営職が杠谷樹の長さ八尋もあるものを献上したとあり、宇治谷孟は、杠谷樹のことを俗に比比良木（柊）というと注をつけている。一尋とは人が両手を広ろげた長さ＝約一・五メートルで、それの八倍であるから約一二メートルとなる。高さ一二メートルになれば相当の大木である。

江戸時代の絵入り百科事典『和漢三才図会』は、「俗に世間では立春節分の夜、枝葉を門口に押すが、それに

ヒイラギの小枝と焼いた鰯の頭を門口に挿す「柊鰯」

軒に柊鰯が見られる節分の豆まき
（黒川真道編『日本風俗図絵』）

鰯の頭を以てし、追儺の用を為す、魍魎その尖刺を怖れて敢て近くべからざる義か」と節分の夜、ヒイラギの枝先にイワシの頭を挿して邪気、悪霊を払う民俗を記している。

『山城名跡巡行志 第六』に、京都の下賀茂神社（賀茂別雷神社）の境内にある比良木神社は俗に「柊さん」と呼ばれる神社だが、もと一乗寺村の西北、比良木の森にあり、民間信仰の疱瘡の神で願かけして病が治ると御礼として随意な樹を献植する。それがいつのまにか鋸歯が生じてくる。一説に、何の木でもここに植えると、柊になるかならぬかで願の成否を占う風習があったという。比良木社のそばに植わっている木はことごとく葉にトゲがあり、またここに植えるとトゲのないものもトゲを生ずるといわれる。大阪出身の易学家・松浦星洲が、江戸時代後期に記した『洛陽十二社霊験記』は、「この神、柊を愛し給ふ。依て諸人立願する時、心願成就を守り給はば柊を植て奉るべしと申て、神験を蒙りたる上にて柊を社辺に植る多し。或は祈願の輩、社辺に異木を植て若し願成就を得しめ給はばこの木を柊になし給へと願うもあり。諸願成就を得る事にて、その植たる木とも柊に変ぜざるはなし。これ目の当たりに神験の奇瑞

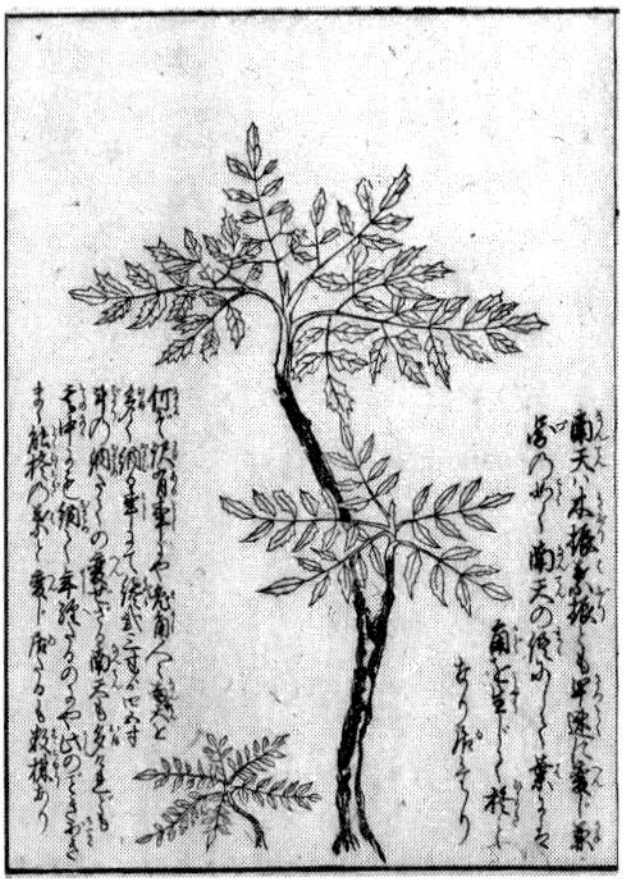

「万木柊と化する神社の事」
（動植物の奇談などを集めた江戸末期の『想山著聞奇集』より）

滋賀県犬上郡甲良町池寺にあるヒイラギの巨木は、推定樹齢300年、樹高7m、幹回り4.2m。歯が痛いとき、このヒイラギの葉を一枚口に含み痛む歯で嚙みしめると痛みが和らぐという言い伝えがある。

を見るなりといへり」と記しており、これは昔から「山城国の七不思議」の一つに数えられている。

肥後国（現・熊本県宇土郡松山村）に経塚があり、一二〇年前にこの辺に妖狐が出没して人を悩ますので中央山妙法の僧は法華経を書写して土中に埋め、そこにヒイラギを植えてからは災はなくなったという。東京都清瀬市の日枝神社の境内にはヒイラギの老樹があり、ヤマトタケルノミコトが東征の時この樹の根元で休んだと伝えられている（現在のヒイラギはその根株から生じたひこばえとされる）。埼玉県神保原の池上神社の神木もヒイラギの大木である。

東京都清瀬市・日枝神社のヒイラギ

六、実用性の高い縁起木——山椒

山椒は諺に「小粒でピリリと辛い」といわれる。山椒は正しくは「サンショウ」とよむのだが、それだと辛みが間延びするので普通は縮めて「サンショ」と呼ばれ、その葉、花、果実が和食の香辛料として用いられている。とくにウナギの蒲焼には山椒の実を粉にしたものが欠かせない。茶わん蒸し、タケノコの煮物の上に若葉をのせ、あるいはタケノコの木の芽和えなどとしてよく利用される。木の芽といえば山椒の若芽のことだと日本人のほとんどは知っており、サンショウの若芽を用いるなどとはいわない。

サンショウはミカン科サンショウ属の落葉低木で日本が原産地である。北海道から鹿児島県屋久島まで分布し、朝鮮半島南部にも自生している。雌雄異株で高さ三メートルくらいまでの低木である。本州の里山に生育しており、また葉や果実を利用する目的で屋敷の片隅や畑のへりにポツンと植えられている。岡山県東北部にあたる美作(みまさか)台地の筆者の生家の畑にも片隅に三メートル近い高さの山椒の木があった。この山椒の果実を利用した思い出があるので余談だが、美作台地の浅くて狭い谷間の奥部に築かれた溜池の貯水を秋に放流して水を抜き、後に池に放魚した鯉や鮒を大勢の地元の人たちが漁る「鮒取(ふなと)り」という、現今では全く見かけない珍しい風物誌のことを記すことにする。

美作台地とは岡山県の中央北部にある旧美作国の東部を占める台地状の地形のことで、南部にある吉備高原北部と続いている。標高の低い丘陵状の高原地帯で、南の瀬戸内海との間には吉備高原があり、北部は中国山地が東西に横たわり日本海とを隔てており、海から遠い内陸部にあたっていた。美作台地は大きな河川がなく、そのうえ降水量の少ない地方の一つで、主産業である水稲栽培は溜池に頼ることとなり、台地を開析(かいせき)している谷間の奥部には溜池が築かれていた。江戸時代には吉野郡豊久田村といっていた生家の地名の村には、溜池が八カ所あった。台地をえぐる浅い谷間の奥部に土砂で堰堤(ダム)を築き、水を溜め、谷間で営まれている水田に栽培する水稲の農業用水にあてていた。溜池は農業用水を貯水するだけでなくその貯水を活用して鯉(こい)や鮒を養殖していた。いわば貯水池と養魚池という二つの目的をもっていた。養魚といってもその目的は海から遠い地であくまでも自家用の魚を増殖させるためのものであった。美作地方の人びとは鯉や鮒の幼魚が手に入ると管理している溜池に放魚した。溜池の貯水は田植え時に梅雨の降水量が少なく水不足で田植えができない時や水稲の生育期に日照りとなった時には樋門を開け放水した。溜池の貯水をあてにしている水田は溜池がかりの田、その田をもつ集落は溜池がかりの部落（里のこと）と呼ばれた。

溜池がかりの水田の稲の穂が頭を垂れるようになると水田に水は必要なくなる。そして不必要な田水は「田落とし」といって放流し、田の土を乾燥させた。稲刈りの便をはかるためである。その頃になると溜池の溜まった水も使い途がなかった。

そこで早生の稲刈りが終わる頃には溜池の樋門を開いて池の水全部を放流した。筆者の生家の地域ではそれを「池落とし」と呼んでいた。池の水を全部抜くのは溜まった水で見ることができなかった堤の修理個所はないか、どのくらいの修理が必要かを検分するためという目的があった。溜池は粘土を芯とし、その周囲に土を盛り、柄のついた木製の槌（杵ともいう）で叩き固めて造成した土堰堤（土のダム）なので、水を溜めている間に溜水が風などで起こす波に洗われ堤体が崩れ、再び水を溜めたときに洩れて貯水できなくなったり、ひどいときには破堤して溜水が一気に流れ出し、下流に水害を及ぼさないように修理しておくのである。

「池落とし」で溜池の水が減り池床が見えるまで干上がると、日頃放流してきた鯉や鮒を漁る機会でもあった。池がかりの部落（集落）の秋の行事の一つともなっていた。この行事を筆者たちは「鮒取り」と呼んでいた。鮒以外には鯉も放流されており、エビやハゼ、ウナギなどが漁れたがなぜか鮒取りと鮒が主体のような名称であった。

鮒取りは溜池を管理している集落の人が勧進元となって開催した。池の魚類を漁りたい人はいくばくかの入漁料を支払い、漁に参加する権利者である印として色リボンを帽子などにつけ、それぞれが得手の網や竹ザルをたずさえて池に入る。鯉に狙いをつけた人たちはサデ網といって扇を開いたような形の網をもち、土手から一列に並び一斉に池の上流に向かって池底を歩き網を進めていく。勇壮な池漁の風景であった。その勇姿を見ようとする池がかりの住民ばかりでなく、近くの集落の人も池には魚が沢山いるとの評判をききつけ、魚目当てにやってきており、土手に立って見物するのだった。溜池の鮒取り行事は楽しみの少ない美作台地地方における一大イベントで、しかも魚が漁れるという実益をともなっていた。鮒取りが開始されしばらくすると池の中から「一番ゴ〜イ（一番鯉）」と叫ぶ声が聞かれ、つづいて「二番ゴ〜イ」の声が上がる。サデ網に鯉が入ったのだ。鯉の漁れた人は、網に鯉を入れたまま土手に上ってくるので、見物人はその鯉の大きさを見ようとドヤドヤとそちらの方へと集まって「ドデカイ鯉だナァ」と方言まる出しで感嘆するのだった。

溜池の中に大勢の人が入って池底をかきまわすので、少ない池の水はたちまち泥水となる。女の人や子供たちはもっぱら浅瀬で泥水に酔ったように口をパクパクとしている小物の鮒や小魚、エビを網や竹ザルですくっては得物をバケツに入れていた。滅多に魚を食べられない台地地域の人たちにとっては大切なタンパク源であった。筆者も小学生の頃、鮒取り行事があれば参加していた。魚は泥水ごとバケツで家にもち帰った。

家に到着すると井戸端にタライをもち出し、バケツの中味を全部タライに移し、井戸水をつるべで汲み上げバケツの中の泥まみれの魚をきれいに洗い流し、そのとき腹わたも除いた。その頃になると留守番をしていた母が準備した炭火がおこり火勢が強くなっている。筆者や兄は竹串をもってきて鮒やハヤの腹をひらき腹わたを絞り出し、竹串を口から尾っぽまで突き刺し串魚を作り、炭火の上であぶり焼いた。もち帰った魚はほとんど死んでいた。

焼き上った串刺しの魚は麦わらを束ねた長さ三〇センチ、太さ径一〇センチくらいの束に竹串ごと刺し、軒下に吊して天日で乾燥した。吊す高さは猫の手がとどかないところで、そうでなければ猫の飼食となった。串刺しの魚は冬の間の副食となった。カラカラに乾燥した串刺魚はもう一度炭火で焼き、山椒醬油をかけて食べた。醬油は自家製であった。醬油のしょっぱさと山椒の香りが池魚の泥くささを消し、美味しかったことを覚えている。

鮒取りは秋になってから行われるので、昼間の時間の短い秋の陽は、たちまち西に傾き、終了近くとなるとうす暗くなりはじめた。その頃にはアセチレンガス灯をもつ人は火を灯し明かりとして池の面を照らすようになる。夕方になると昼間は泥の中にもぐっていたウナギが浮き出し、池の泥水の水面を渡るようになる。水面に水脈ができるのでそれと判る。水脈ができると「ウナギが出たぞォ、右へ行く、左へ行く」と土手の見物人が叫ぶので、ウナギを目当てにしていた人たちはそちらの方角へドヤドヤと移動する騒ぎとなるのが常であった。

山椒といえば子供の頃参加した故郷の鮒取りと、そのとき漁った魚の串刺しのことを思い出す。美作台地の谷間に作られた溜池の池落としのあと行われた鮒取りイベントはいつのまにか廃れていた。

山椒は四月から五月ごろ開花し直径五ミリくらいの黄緑色の花をつける。雄花は「花山椒」として料理に利用される。果実は五ミリ程度で、はじめは緑色をしており、この若い果実は「実山椒」と呼ばれ佃煮として食べられる。九月から十月ごろ赤く熟し、完熟すると裂開して中の黒い種子が出てくる。まっ赤になった果皮がよく目立つので小鳥が黒い種子をついばみにくる。種子のまわりに油分がある。小鳥の腹の中でその油分は吸収され種子は糞として排泄される。そのため山椒の木の周囲には苗木が生えてくる。

果実の赤い樹木は福つまりお金を招く縁起のよい樹木とされてきた。山椒も小粒ながら赤色の果実を沢山実らせるので縁起のよい樹木として住居の傍に植えられる。若芽ばかりでなく花や果実も薬味や香辛料として用いられる。縁木のよい樹木ではあるがその実用性も高いものがあるので、庭木として植えられているのをみても、どちらを目的としたものなのかよく判らない。

筆者の当て推量だが、多分、縁起のよくなる呪物（まじないもの）として植えられたものだろうと考えられる山椒の庭木を見たことがある。筆者の住所の大阪府枚方市池之宮の町内の今風の建売住宅の玄関脇にある山椒の木のことである。枚方市発足以前の池之宮村の頃からの住人の旧家の長屋門のところからはじまるだらだら坂下部の谷川に架った小橋のたもとで、道路から石壇二つ分ほどの高さの宅地に建つ住居で、玄関のドアを開けるとすぐに山椒の木に手がとどく近さにあった。まだ若木で高さは一・二メートルくらい、幹も大人の親指くらいの太さであった。その家の前を散歩で通っても山椒の葉や果実を採っている家人の姿を見たことはなかった。どんな目的で植えられたのか家人に尋ねたことはない。花の時期には花山椒が、秋には赤く色づいた房状の果実が実っているのが道路から覗けた。

山椒はアゲハチョウの食草で二〜三頭の幼虫の青虫がとりつくと、小さな木では数日のうちに葉っぱは食べつくされ裸木とされてしまう。しかし山椒は他の動物は食べない。また小枝にはトゲがあるため、その性質をうまく利用して仕切りの生垣を作るといわれる。

枝にトゲの少ない山椒の品種に但馬（たじま）国朝倉谷（現・兵庫県養父（やぶ）市八鹿（ようか）町

トゲの少ないアサクラザンショウ

朝倉地区）原産のアサクラザンショウ（朝倉山椒）が有名である。現在は旧但馬国内で約五〇〇軒の農家が栽培しており、実山椒として出荷される。トゲのない朝倉山椒は、江戸時代には京都の宇治茶と同じように、国の産物として大名から将軍家への贈答品とされた。但馬国出石（いずし）藩や丹波国篠山（ささやま）藩の殿様は朝倉山椒の実を枝についた房のまま袋や箱に入れ、お国名物として将軍家に献上していたのである。

実山椒の収穫量は和歌山県がもっとも多く国内生産量の六〇パーセントを占めている（平成二十六年度）。そのほとんどは有田川町の旧清水町で生産されているという。京都市の鞍馬の木の芽の佃煮は名物として名高いが、この佃煮には木の芽ばかりではなく藤の若葉が混ぜられているといわれる。藤の葉を混ぜるのは増量が目的ではなく、木の芽一〇〇パーセントで佃煮にすると辛すぎるので藤の若芽を混ぜることでやわらかな味となり、佃煮がより美味しくなるのだという。山椒の幹の太さが四センチくらいのものはすりこ木とされる。皮つきのままで先端を丸く削って使う。

出荷される和歌山県産の実山椒

山椒の小羽葉はきれいに対生していて美しい形をしているので、葉っぱの形を見ただけで山椒だと見分けることができ、多くの人に知られている。サンショウ属は世界の熱帯、亜熱帯および温帯地方に広

山中に自生する野生のサンショウ

赤く色づいたサンショウの実と、はじけた果皮から飛び出た黒い種子

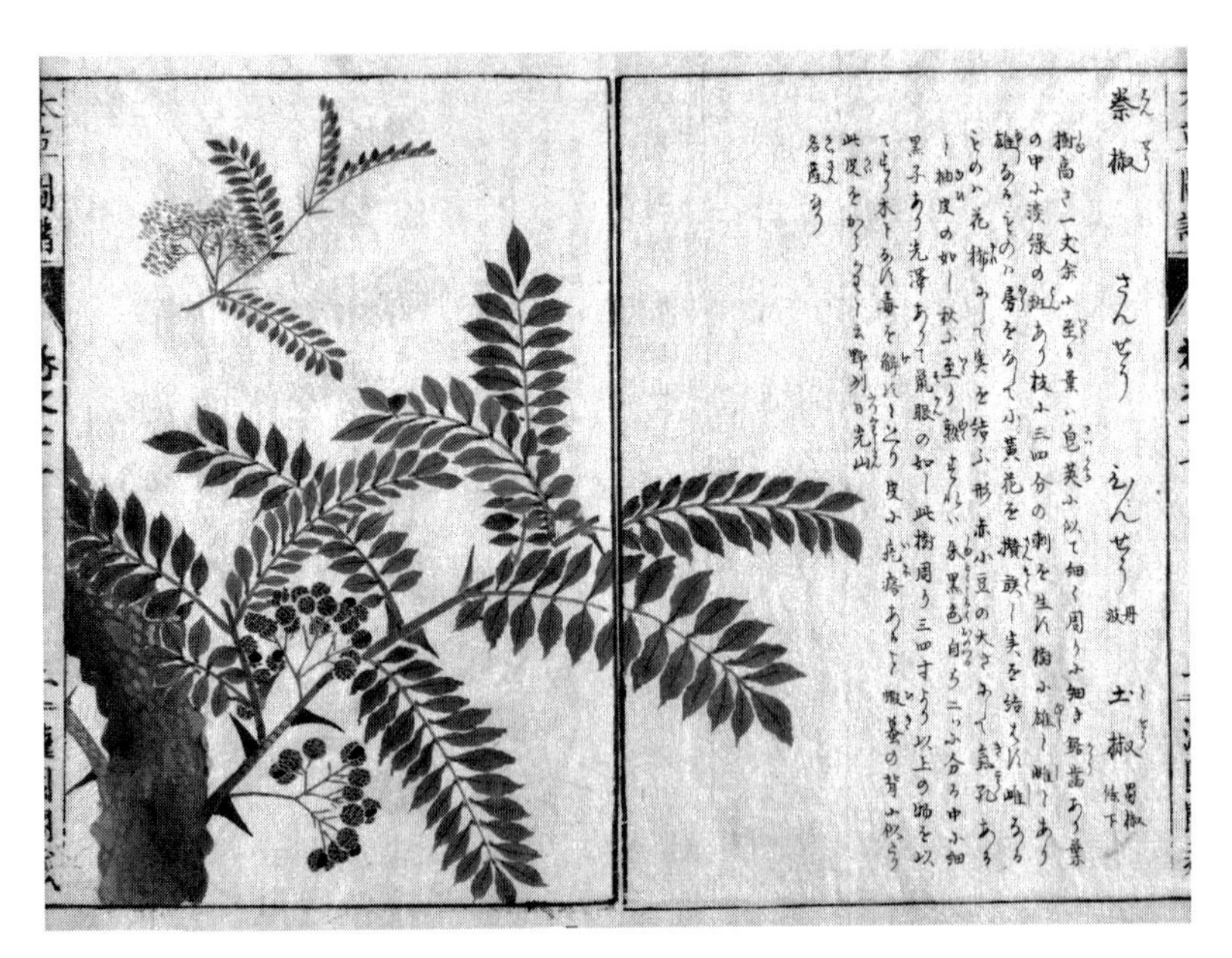

江戸後期に描かれた「山椒」
（岩崎灌園『本草図譜』文政11年完成、田安家旧蔵の写本、国立国会図書館）

く分布しており二五〇種余りあるとされる。日本に産する山椒の仲間には芳香のないイヌザンショウ（犬山椒）や、カラスザンショウ（烏山椒）がある。

山椒は日本の山野に自生している樹木の一つである。どのように利用していたのかは不詳であるが、縄文時代の遺跡からは山椒の遺物が出土するといわれている。紀元二世紀の頃、中国の人が当時の日本の事情を記した『魏志倭人伝』には、「薑橘椒蘘荷（きょうたちばなしょうじょうが）があるも慈味（じみ）を為（な）すを不知（しらず）」として、日本にはショウガやタチバナ、サンショウ、ミョウガがあるにもかかわらず、それらを使って食物の味を豊かにすることは知らないとあり、四〇〇〇年の食文化をもつ王者の中国人は、倭の国つまり日本は食文化の野蛮な国であると評価している。これによって、二世紀の日本には山椒のあったことは判る。しかしそれ以前のいわゆる縄文人が山椒を食べ物の調味料として使っていたかどうかは判らない。

山椒の古名は「はじかみ」で、サンショウ（山椒）とは中国名（漢名）ではなく、日本人の命名である。牧野富太郎は「はじかみ」は「はじかみら」の略であるという。ハジは「はぜる」の意味で、カミラはニラの古名であるとしている。すなわち山椒の果実が完熟すると果皮がはじけて裂ける、つまり「はじけ」そして山椒の葉や果実が辛くて、ニラの味に似ているところから「はじ」＋「かみら」からきているという。「はじかみ」は漢字では「椒」と書かれる。畑に栽培されている「椒（はじかみ）」は生姜（しょうが）のことであるが、これと区別するため山を前にもってきて「山椒」の熟語が生まれた。山椒の「山」は漢音では「サン」

なのでいつしか二文字とも音ばかりの「サンショウ」と読まれるようになった。正確な音読（訓）みは「サンショウ」なのであろうが、ふつうは「サンショ」がそのよみ方である。川魚（内陸性の魚）を焼いて食べるときに「サンショジョウユ」（山椒醤油）をかけるとすこぶる味がよくなる。

中国で麻婆豆腐などの四川料理に用いられる花椒は、中国産のカホクザンショウ（華北山椒）、またはトウザンショウ（唐山椒）と呼ばれるものである。アジア大陸の中ほどのヒマラヤ山地の人びとも山椒をよく利用した料理を作るが、この山椒は花椒に似たものだとされる。とくにネパールの谷間の人たちは料理するとき何でも最後には山椒を鍋に放り込むといわれるほどである。

七、端午の節句と植物——菖蒲と柏

◉端午の節句と菖蒲・蓬

日本では四月の終わりから五月上旬までの期間は黄金週間、俗にゴールデンウィークと称され、行楽に絶好の季節のなか人びとは休日の意義など考えることなく、日ごろの仕事のウサも学業も忘れレジャーに日々を費やしている。その中の五月五日は子供の成長を祝う日として国民の祝日とされている。

この日は平安時代の昔から端午の節句の日として認識されていた。王朝期には宮中では菖蒲（しょうぶ）を天皇に献上し邪気を払う行事を行っていた。端午の端とは、はじめの意であるから五月のはじめの午（うま）の日のことをさしていたのだが、いつの頃からか午の音の「ご」が数字の五（ご）にすりかわって五月五日と月日が決まったのである。古くは、五月五日は菖蒲蔓（しょうぶかずら）を頭につけ、菖蒲や蓬（よもぎ）を家の軒（のき）に挿し、菖蒲湯に入り、菖蒲酒を飲み、寝るときは菖蒲枕をするという民俗があった。菖蒲は水辺に生育する宿根草で長い剣状の葉は強い香気をもち、初夏の頃淡黄色の花をつける。五月五日は「端午の節句」とも「菖蒲の節句」ともいわれる。三月三日の上巳（じょうし）の節句を「桃の節句」と呼ぶのと好一対である。上巳とは三月のはじめの巳（み）の日のことである。菖蒲蔓（かずら）とは植物を頭に巻いたもののことである。カズラにはヒカゲノカズラをはじめとするつる性の植物が多く用いられたことからカズラと呼ばれるようになった。頭に植物を巻き付けることによって植物の生命力を体内にとり入れようとするものである。カズラには花や葉を紐に貫き通したものを頭に巻くこともあった。頭にカズラを巻くことは、その植物は神の依代（よりしろ）となり、巻いた者は神に奉仕する者のしるしであったといわれている。五月の節句は古い時代には誰もが菖蒲を頭に巻いていたので

軒菖蒲を飾って端午の節供を祝う江戸の庶民
（速水春暁斎『諸国図会年中行事大成』文化3〔1806〕年）

あった。菖蒲を頭に巻いたり軒に挿したりすることは、菖蒲の強い香気で不浄を払い、邪気を避ける意味をもっていた。『枕草子』は五月五日の節句のことを「節は五月にしくはなし。菖蒲・蓬などのかよいあひたるいみじうをかし。九重の御殿の上をはじめいひしらぬ民の住家までいかでわがもとにしげく葺かむと葺きわたるなほいとめずらし」と宮中の御殿ばかりでなく庶民の家の屋根も菖蒲や蓬で葺かれていることを記している。桜井満は『花の民俗学』で「菖蒲やヨモギを屋根に葺いたり軒にさしたりする民俗はかなり広く分布しており、その前日の五月四日の夜または五月五日を『葺篭』というところがある。この『葺篭』の風習は田植えに先立つ大切な祭りの日のために相違なく、五月女になる女性が田の神の奉仕者になるために定まった家に厳重な物忌み生活を送っていた名残りであろう」と分析している。その物忌みのしるしが菖蒲や蓬であったのであり、それはまた不浄を払い邪気を避ける意味を感じていたにちがいないともいう。

五月は日本ではサツキすなわち田植え月であり、斎、ツツシミ月、カミサマ月といって謹慎して田植えのとき来た田の神を迎える五月女の斎月がいつしか祝月とされた。桃の花咲く三月三日の祓祭りの桃の節句が祓えなどのとき用いられる人形が発達し雛人形となり、それを中心としたヒナ祭りによって「女の節句」として固定してい

菖蒲蔓をつけた男児
（勝川春潮『端午の祝』部分）

た。五月五日の方は農耕儀礼として鹿狩りをもととして発達し、宮中の近衛府の馬に乗って矢を射る騎射の行事から、武家の時代に変ってくると流鏑馬（やぶさめ）が行われるようになり、さらに室町時代から薬草の菖蒲が尚武（しょうぶ）（武を尚（たっと）ぶ）と音が通じるところから、五月五日には男性的な勇ましい行事が行われるようになった。そんなことから三月三日の「女の節句」に対して五月五日の節句は「男の節句」と考えられ定着したのである。節句（節供）とは、一年のうちの節目（ふしめ）となる祭りのことである。

先に田植え前に、田植え時に来臨される田の神を迎えるための齋月から祝月に変化したことに触れたが、別には日本では奇数は陽数として目出度い数と考える風がある。そこから奇数の月と同じ数となる月日は目出度いと考えられてきた。新年の初日である一月一日は数字の最初の一が重なるとともに目出度い奇数の一が重なっているから、二重の意味で目出度い月日と考えられたのである。

五月五日以外にも日本では奇数が月と日にちと重なるときは目出度い月日とされ節句と称して祝ってきた。日本独特の数に対する考え方であり民俗である。一月七日の人日（じんじつ）、三月三日の上巳の節句（桃の節句ともヒナの節句ともいわれる）、五月五日の端午（たんご）の節句（菖蒲の節供とも）、七月七日の七夕（たなばた）の節句、九月九日の重陽（ちょうよう）の節句（菊の節句）という五つの節句を五節句といい、平安時代から江戸期まで祝いごとの日として貴族、武家、さらには庶民の間にも慶びの日、一年の中でも重要な日として扱われてきた。とくに五月五日の端午の節句は武家の間では縁起のいい日とされ、後継の男子の成長を祝い祈る節句として定着し、縁起物の鯉のぼりをかかげ、柏（かしわ）の葉で餅を包んだ柏餅を食べ、柏餅を知人や親戚に贈る風習があった。

江戸期の武士の間では幕府によって定められた五節句のなかでも端午の節句は縁起のよい数の五の重なる節句として認識されていた。前に触れたように日本では奇数の数字がよいとされていた。とはいえ、九は奇数でも「苦」に音が通じるから敬遠されてはいるが……。奇数の数字のなかでも七五三という数字がもてはやされた。先にも述べたが、三月三日が女の子の成長を祈り、祝う節句に対して、五月五日の節句は武家の後継者の男子の誕生と成長を祝うものとして定着した。

もともとは五月五日の諸行事は『荊楚（けいそ）歳時記』（揚子江中流域地方を中心とした年中行事記）に記されているように中国の民俗であったが、日本に伝えられてから日本風に改変されたものであった。というのは中国では五月五日という日にちは悪月悪日とされているのである。日本と中国では数に対する考え方がちがっている。中国人は偶数を好み奇数を嫌うのである。それだから奇数の五月は悪月となり、五日も悪日となった。中国では五月は悪月でありやってはいけないこと、つまりタブーが多く「五月の禁」ともいわれるのである。

五月に屋根にのぼれば頭が禿（は）げる。また五月に人が屋根にのぼり影をみるとたちまち魂が去る、つまり死亡する。さらに寝台の布団を陽に干すことも忌まれている。五月五日は中国では蘭節（らんせつ）といい、古代

菖蒲と蓬を軒に挿し、菖蒲湯に入る
（歌川国貞『五節句ノ内　皐月』部分、都立中央図書館特別文庫室）

菖蒲蔓をつけた男児
（勝川春潮『端午の祝』部分、東京国立博物館）

には水辺で祓禊か辟邪辟病のための諸行事が生まれ水辺に生えている薬草の摘み取りが行われた。中国の古い民俗として悪月悪日の五月五日には毒気を払うため蓬を採りこれを門戸の上に懸け家の毒気を払うとともに人は腰に帯びて邪悪なものを避けていた。そして菖蒲を採ってきざみ、酒に入れてこれを飲んだのである。日本での端午の節句の日に用いる菖蒲と蓬のしきたりは古い中国の民俗の伝わったものであったのだ。日本での五月五日に菖蒲や蓬を軒に挿す風習のはじまりのいわれを説明する昔話が伝わっている。「食わず女房」系とよばれる一連の昔話の一つである。全国に広がっているが東日本に多い。

昔、男が山へ木を伐りに行き仲間の者と飯を食わない女房が欲しいと話し合ったことがある。すると数日たったある日、飯を食わないから女房にしてくれという女がやってきた。男は喜んで女房にした。女房はいう通りに飯を食わない。それなのに米も味噌も日々ひどく減る。そこで男は町に行くふりをして天井の梁にかくれて女房の行動をのぞいていた。女房は一斗炊きの鍋で米を炊き、味噌汁も鍋いっぱい作る。飯ができあがると女房は髪をかきわけ鍋の飯をにぎり飯にすると頭のてっぺんの大きな口に投げこんでいた。おどろいた男は知らぬ顔で家に帰り、女房を呼んで暇を出すと告げた。女房は桶をくれという。そこで桶を出してやると女房はいきなり男を桶に突き入れ、男の入った桶を背負って山奥へとかついでいく。男はおそろしくなったが幸い垂れ下った枝があったのでそれにつかまって桶から抜け出した。女房は急に背中が軽くなったので気付き、男をつかまえようと追いかけてきた。大急ぎで走って逃げていると、道ばたに菖蒲や蓬の茂った草むらがあったので、男はそこに逃げ込んでかくれていた。女房は男のかくれたところまで来たが、菖蒲や蓬に手が触れると手が腐るといって山へひき返していった。これが五月五日の出来事で、それから五月五日には菖蒲や蓬を屋根に葺くようになった、との話である。

◉縁起物の柏餅と粽

五月五日の端午の節句には縁起物として柏餅（かしわもち）を粽（ちまき）といっしょにお供えする。柏餅は平たく丸めた上新粉（じょうしんこ）で作った餅を柏の葉っぱやサルトリイバラの葉っぱで包んだ和菓子である。上新粉はうるち米を精白し水洗いしてから乾燥させ少量の水を加えながら粉にしたもので、この粉を練って作った皮で餡を包み、それを柏の葉で包んでから蒸し上げる。

柏の葉で包まれるところに由来した名前であるが、それ以前から柏が生育していない地域ではサルトリイバラの葉で包むところもある。柏の葉でなくその代用として用いられるサルトリイバラの葉で包まれた餅であっても現在は柏餅と認められている。

香りのいい柏の葉で餡餅を両側から包む柏餅は徳川将軍の九代家重から十代家治の頃に江戸で生まれたとされている。柏は新葉が出てから古葉が落ちるので葉が途切れることがなく、武家社会では家系が

上左＝柏の雌花、上右＝雄花
下左＝裂開した果実、下右＝若葉

人家の庭に植えられた柏の木

北海道北見市端野町緋牛内（ひうしない）にある柏の巨木。
樹高17m、幹回り5m、推定樹齢350年以上とされる。

途切れないという意味にとられ子孫繁栄の縁起のよい木の葉だと縁起がかつがれ、男子の成長を祈る端午の節句には柏の葉で包んだ餅を食べるという風習が生まれた。武家の間では男子の生まれた家は初めての端午の節句に柏餅を親族や知人に贈ることが延宝の頃からはじまった。この風習は江戸でのことで、上方の京阪では粽を配るが柏餅は配らないという違いがある。京都の祇園祭では粽が厄除けの縁起物となっているが、これは食べるためのものではなく、中身もなく葉のみで作られている。材料となる笹は毎年特定の地域（京都丹波高原国定公園）で採取されたものを使用している。

町人よりも武家の人口の方が多く、武家の町といってもよい江戸で、端午の節句に柏餅を作るための柏の葉が大量に必要となった。

柏餅にする柏の葉は、桜餅を包む桜の葉のように塩漬ではなく陰干しで乾燥したもので、五〇枚を一束として取り引きされた。

そのための市が立ち、江戸時代は「柏葉の市」は八王子（現・八王子市）のものが著名であった。八王子の柏葉市は当初は八王子市の西の方にあ

祇園祭で販売される粽

柏餅と粽

たる水無瀬河原の芝生地で開かれていたが、その後は浅川町河原の宿で開市された。

文化文政期には毎年四月二十日頃から五月五日にかけて、柏の葉を山と積んだ馬が、毎日何百頭と連なり甲州街道を江戸の菓子商へ運んだのである。当時の陸運は荷車ではなく駄馬といって馬の背中に載せていた。一駄（一頭の馬に載せる荷物の重量またはその量の単位）の重量はおおよそ三〇貫目であった。一駄に載せることのできる柏葉の枚数は不詳。

八王子の河原宿の「柏葉市」は江戸時代においては織物売買の「桑都市」とともに名高く、当時の百姓たちの副業として大きな収益をあげていた。上原敬二の『樹木大図説』によれば、『武蔵名勝図会』には「柏の葉を小仏、並に案内辺より伐出し五月節句前に江戸へ騎馬にて出す。此所（河原宿）へ毎年四月二十日頃より節句前まで毎日山より背負うて出る。府中、谷保村辺より馬を率て買いに出るは仲買して江戸へ送るなり。川原の宿、原宿の芝地に市立てり。また

端午の頃に見られる江戸市中での柏葉売り
（『東都歳時記』「端午市井図」〔天保９年〕より）

この柏葉は島の場宿（八王子）と横川（元・八王子）との間なる芝地により市を立て、其所へ出せる柏葉は恩方或は山入より伐出す。両所にて市をなす」と記している。

また、多摩地方八王子地区の地誌である『桑都日記』には、水無瀬河原の市にあった河西愛貴の市の図を挿入して次のようにある。「柏葉の市の図　柏葉の市は水無瀬川北岸にあり、桑都建置以来、毎歳四月廿五日より五月一日に立つ。馬多し。西の民恩方山に葉をとる。駄馬来ること多し。東の民は柏葉をひさぐため東都に馬をもとめ来て、この平に於て売買す。馬は群をなし、大なるは数百頭を率う、あたかも野馬の牧にあるがごとし。」さらに、江戸後期の随筆『松屋叢考』は、柏を古くから炊事に用いる葉であるとして、次のように説明している。「食物の上にもおおい、下にも敷た

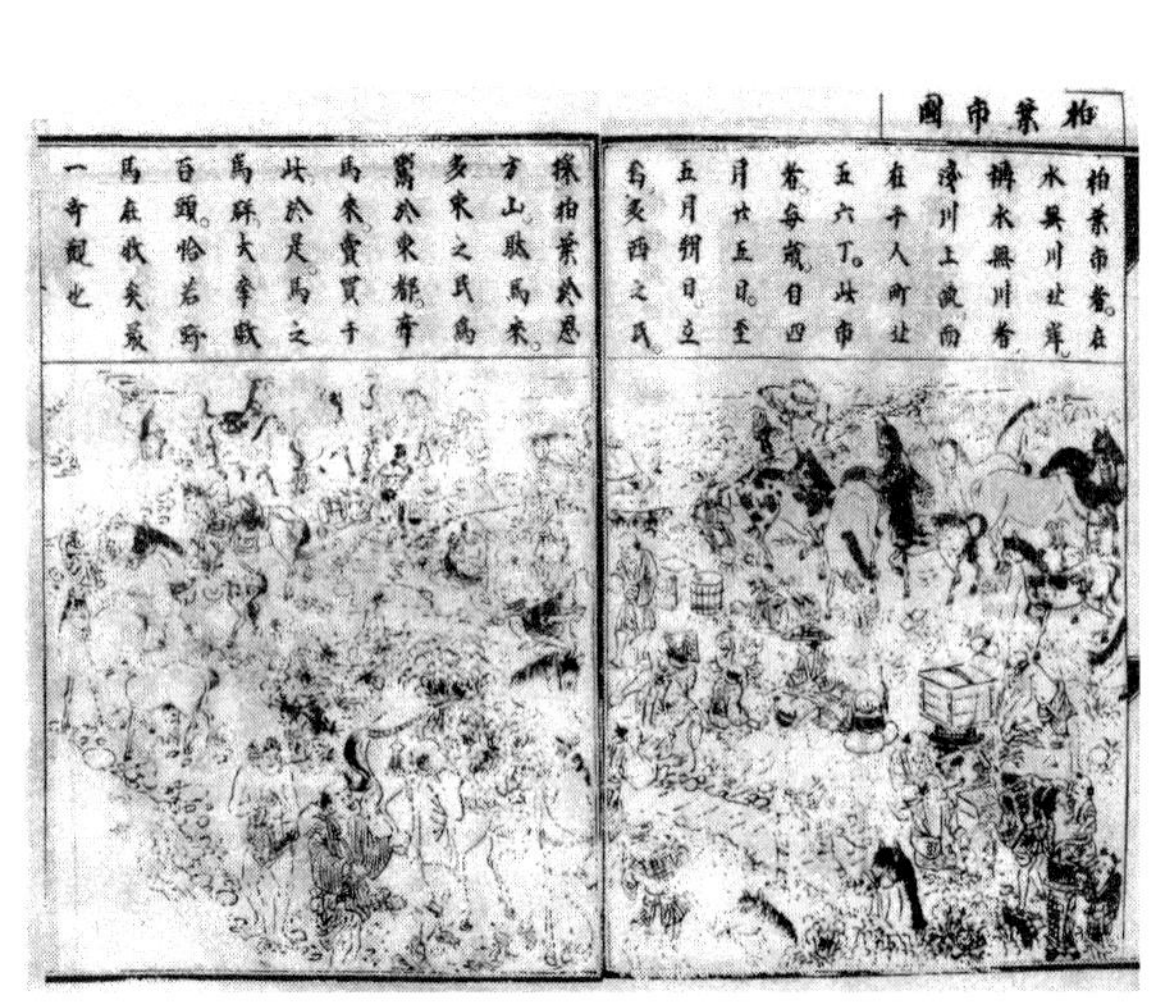

柏葉市の図（『桑都日記』文政期～天保期）

るなどみな柏といえり。延喜四時祭式上に槲(かしは)一俵まま柏九十把斉宮式に干槲三俵弓弦葉一荷、大膳式下に青槲落葉大和河内摂津等国所進、干槲播磨国所進など有る膳所の用也。今は七月の玉祭にのみ落葉に食物もることのこれり。御綱柏(みつながしは)、厚朴葉(ほおがしは)、葉びろ柏、青柏、児手柏(このてがしは)、あから柏、あかめ柏、もも柏などの名これにおこれり、かがみ葉はかがみ餅の類にて葉の形の円鏡に似たるゆえの名とはじめはおもいつれどさにはあらじ。これは葉のつややかなるを明鏡のてりかがやくにたとえし美称なり。」

名物の柏餅を売る猿ヶ馬場の茶屋
(安藤広重『東海道五十三次之内　二川』)

茶屋で商う柏餅の製造
(葛飾北斎『白須賀』ボストン美術館)

現在の愛知県豊橋市にあたる猿ヶ馬場は、東海道五十三次の白須賀宿と二川宿の間にある丘陵地で、江戸時代前期の『東海道名所記』に「猿が馬場、柏餅ここの名物なり。あづきをつつみし餅、うらおもて柏葉にて、つつみたる物也」と記されるように、街道筋に柏餅を売る茶屋があり、名物として繁盛していたという。

柏餅は俳句では夏の季語である。

故郷に来て過客なり柏餅　東智恵子
仕事場の見ゆる老舗や柏餅　真乗坊とみゑ
腕白の元気がとりえ柏餅　高田蓉子
一人手を出しわっと出し柏餅　宮崎登美子
弟も兄も逝きたる柏餅の子沢山　亀田鬼童子
柏餅好きなをんな　高田　弘
はらからの老いはわが老い柏餅　渡辺文男

◉縁起木としての柏

柏餅の外側を包む柏はブナ科コナラ属の落葉広葉樹で雌雄同株。山野に自生しているが、しばしば縁起木の一つとして人家に植えられている。幹は直立して太い枝を出し、大きいものは高さ一七メートル直径は四〇センチにもなる。柏の葉は大きく、長さ二〇〜三〇センチ、幅六〜二〇センチになり、冬でも落葉せず、古葉は翌春の芽出しとともに落葉する。江戸後期の『古今要覧稿』は「さてこの葉も冬月黄変するといへどもなお梢に付着して落ちず風を得て鳴動することならと同じ」と記している。

柏の名前の由来を牧野富太郎は「炊葉の意味で食物を盛る葉からきている」としている。また先述の『松屋叢考』(文政九〈一八二六〉年)は、「上古には甑の中途のくびれの部分に葉を敷いてその上に米などを載せ、下部に入れた水を熱して調理した。その時に敷く葉として用いられたので炊葉という意味だ」としている。また「食物を盛ったりその食物の上を覆ったり、下に敷くものもみなカシハという」とも記している。日本では古代から広葉樹の幅の広い葉は食物を包んだり盛るのに使われてきた。柏の葉以外にもホオノキ(朴)の葉は現在でも寿司を包み朴葉寿司といわれたり、餅を包み朴葉餅と呼ばれている。また味噌を載せて焼いた朴葉味噌などがあり、食物を葉の上に載せたり調理用として用いられている。林甕臣は「食敷葉」によるという。

柏は古来神事や慶祝の木として用いられていた。それは柏の葉は他の落葉樹が色づき落葉する秋から冬にかけても葉を落すことなく枯葉が枝に残り、翌春に新葉が出るとき新葉と入れ替るところから「葉を譲る」という点が目出度いとされるからである。

柏は北海道、本州、四国、九州に自生し、朝鮮半島、中国北東部に分布する。台湾では並木にするといわれる。柏の樹皮は厚くコルク質なので野火にあっても抵抗性がある。北海道の石狩平野や十勝平野には野火をまぬがれた巨木がそこかしこに立っていたといわれているが、都市化、農地化、牧野の開発がなされたので、現在では昔のおもかげが残っているかどうかは疑問である。

柏は地中深くまで根を伸ばす深根性の樹木なので防風樹として適している。人家に縁起木として植えられるが、ふつうはただ一株庭先に植えられる。それも若木や老木ではなく、三〇年生くらいのある程度の樹令に達したもので、多くは縁先、窓先、井戸の近くに植えられる。『源氏物語』に庭樹として用いられていたところが描写されているように、古い時代から庭木とされていた。柏が庭木とされる由縁について上原敬二は『樹

北海道・石狩砂丘海岸には約30kmにわたって柏の天然林が連なる。

木大図説』で、「古葉が秋冬に落ちず翌春の芽出し時の落ちるのでユズリハ（譲葉）の意として縁起さよし」とする考え方と、「葉狩りの神がカシハに宿る」という二つの理由があると述べている。

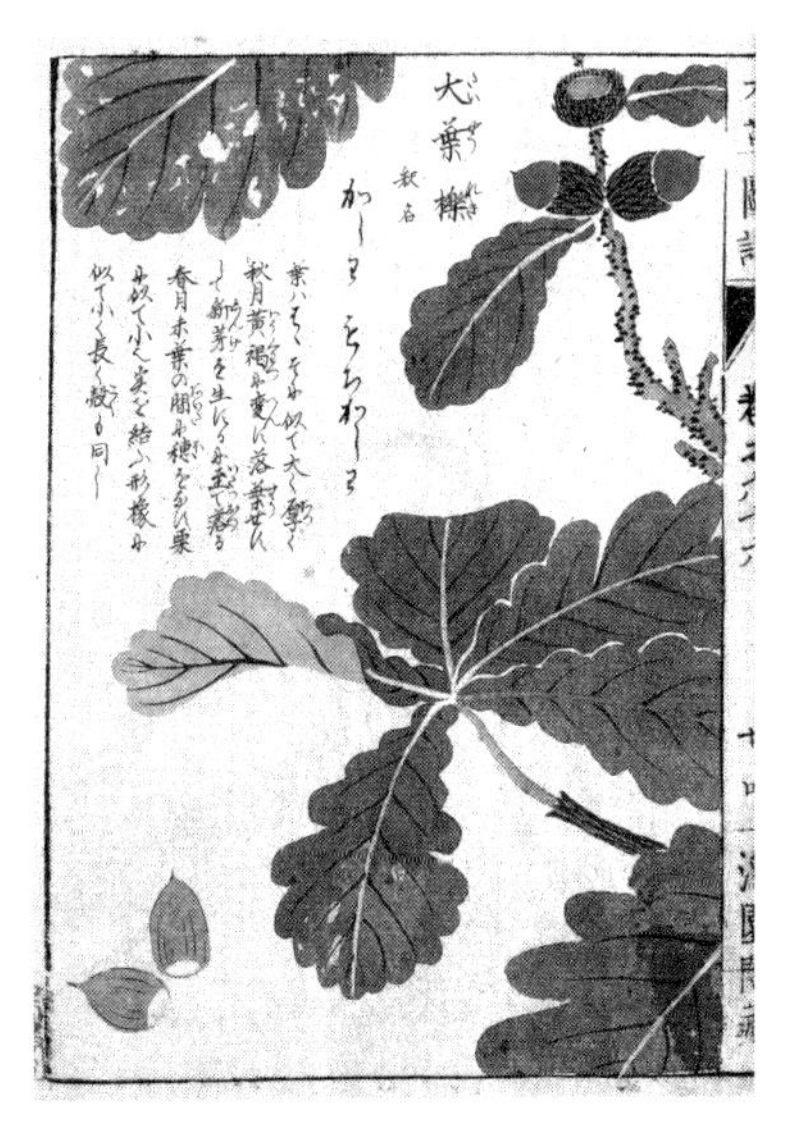

江戸後期に描かれた「大葉櫟」（カシワ）
（岩崎灌園『本草図譜』文政11年完成、
田安家旧蔵の写本、国立国会図書館）

桃の花を飾り、白酒をいただく上巳の節句
(宮川春汀『有喜世之華』明治 31〔1898〕年)

八、不老長寿の仙果——桃

長い冬が終わり春の陽射しを受けるようになる旧暦三月三日の雛の節句に鮮やかなピンク色の花を咲かせる桃の木。三月三日は古来より上巳（じょうし）といわれる五節句の一つであるが、この頃に咲く桃の花を飾った宴が行われるため桃の節句とも呼ばれる。桃は都会では庭木の定番とはなっていないため、同じように春の花として咲く梅や桜に比べると存在感はうすい。しかしよく気をつけていると思いがけないところで桃の花を見つけることができる。

モモはバラ科サクラ属モモ亜属の落葉高木で、中国北部の黄河上流部となる山西省、陝西（せんせい）省の黄土高原地帯が原産地。日本へは約六〇〇〇年前の縄文時代には長崎県の諫早（いさはや）半島の付け根にある伊木力（いきりき）遺跡に渡来しており桃の核が出土する。その後の弥生時代には急速に西日本からその栽培範囲を広げていき、弥生時代後期には長野県、群馬県、東京都、新潟県に達している。各地の遺跡から出土する植物遺体では桃の核がもっとも多いといわれている。桃を中国から取り入れたのは美しい花を愛でるためではもちろんない。目的の一つには桃の薬用がある。桃は蕾も花も若枝も種子の核（殻）内にある仁（じん）もみな薬となる樹木なのだ。蕾は乾燥させると利尿剤に、種子の核内の仁は浄血剤となる。さらに注目すべき点は、桃は非常に寒い土地を原産地としているのであるが、それでいながら果実をたくさん実らせる特質をもっている。食用植物の生産力の低い寒い地方では食料として貴重である。桃の果実は果肉に毒がないので毒抜きやシブ抜きという手間をかける必要がなく、そのままで食べられた。桃の原産地は二十世紀初頭になってアメリカ農務省のマイアーが黄河上流部の黄土高原地帯の有用植物探索調査をおこない、高原地帯のいたるところに桃の半野生あるいは半栽培状態のものを発見している。桃の核の性状については核が果内にくっついて離れにくい粘核（ねんかく）ときれいに離れる離核（りかく）とがあり、野生種はすべて離核だという。

桃は梅と同様に瑞祥植物の一つとされているが、これは邪鬼を払

種子の核から取り出した桃の仁

伝・狩野元信『西王母図』部分
室町時代、東京国立博物館

う仙桃、仙果という中国の思想からきている。庭園の古書である園方書には、桃は祝いの木で、広い庭には木陰に植えても縁起がよく、植える方角は東だとしている。

中国には桃の木は不老長寿、邪を避けることのできる霊力を宿し、その実を食べることにより長生が得られるという伝承がある。長寿を願う漢の武帝が、不老不死の女神・西王母（せいおうぼ）より三〇〇〇年に一度だけ実を結ぶ仙桃を与えられたという伝説により、漢代には西王母信仰が広くおこなわれた。また、武帝の側近として仕えた東方朔（とうほうさく）は、西王母の桃の実を盗んで食べ八〇〇〇年の寿命を得たという逸話が残っている。

桃が日本の文芸に登場するようになるのは江戸時代も元禄の頃で、季節感を大切にする俳諧（はいかい）（明治中期から俳句と呼ばれる）からである。「桃の花」は春の季語であるが、関連する言葉として桃咲く、桃の雨、桃の酒、桃の節句、桃の日、桃の宿、桃畑、桃林がある。

西王母の桃を盗む東方朔
明時代、メトロポリタン美術館

中国で祝い事の際に食べる桃の実をかたどった饅頭菓子「寿桃」

かりそめにはえて桃咲く　　心流

咲いている桃は若木であろう。かりそめに生えたというのだから、種を播いたのでもなければ苗を植えたものでもない。畑の片隅に桃の苗がいつの間にか芽生え、そのままにしておいたところついに花が咲くような年数が経った。ことわざに「桃栗三年柿八年」といわれるように、自然生えの桃でも花を咲かせるようになるにはあまり多くの年月がかからない。華やかに花を咲かせておのれの生を主張しているこの桃をどうしようかと、当惑している畑の持主の姿が浮かび上ってくる。現代の桃畑では数種の品種が植えられているのでそれらの品種が交雑して思いがけない立派な桃の実が成ることがある。偶発性実生と呼ばれるもので、これらの苗から立派な品種が誕生している。自然生えのものでもよくよく気をつけてみることが大切である。

自転車のかごの一番上が桃　　藤木幸江
仏壇へ供えておのが桃確保　　中田みなみ
桃咲いて畦畑の麦そろひたる　　飯田蛇笏

無為の俺へ桃花の昏れは大河なり　柴崎草紅子
桃月夜ははをいづくへ隠さむや　後藤先子
丘あれば丘のかたちに桃の花　遠藤房子
朴訥な男ばかりや桃の花　好　泰子
魚屋の大きな桶の桃の花　栗原菊枝
大ぶりに活けて華やぐ桃の花　渡辺千鶴子
村中に桃咲くころの水の音　松林　慧

平安時代には百病を除くため三月三日には桃花を酒杯に入れて飲む習慣があり、室町時代には上巳の白酒を「桃花酒」と呼んでいる。江戸時代の貝原益軒著『日本歳時記』は「桃花酒を飲むことを月令廣義に法天生意を引いていわく三日桃花を取りて酒にひたしてこれをのめば病を除き顔色をうるほすとなん」と、病という災厄を除くとともに顔の色艶がよくなると功徳を説いている。桃花酒に用いる桃の花は一重の花を用い千葉（八重）の花を服すれば鼻血が出て止まらない、とも言っている。三月三日になぜ桃酒を飲むのかが分かる昔話がある。青森県西津軽郡木造町永田（現・つがる市）の話は、娘のところへ男が通ってくる。母親が流しにいると、「針を刺されると体が溶ける」「子を流しこんできた」「三月の節句の桃酒と五月の節句の菖蒲酒を飲めば腹の毒は溶ける」という話し声が聞こえる。母親は男の着物の襟に針を刺してやると、それから来なくなり、庭の大きな穴が蛇の穴だと分かる。娘に桃酒を飲ませると、蛇の子が下りた。そして昔話の最後に、娘は三月の節句の桃酒と五月の節句の菖蒲酒は飲むものだと教訓が語られる。島根県隠岐郡西ノ島町のものは別の話となっている。山姥（やまんば）と蜘蛛（くも）の夫婦がおり、蜘蛛の男が「山へ行って爺を負うてくる」と言うと、蜘蛛の女が「三月の桃、五月の菖蒲、九月の菊の酒を飲んだ人間を取ってくることはできない」と言う。

モモの語源について牧野富太郎は、「モモはマミ（真実）、モモ（百）の諸説があるが、いずれも肯定しがたい。日本では丸くて中の硬いものをモモといい、今日のヤマモモを単にモモといっていたのに対し、大陸から本種が入りそれにとってかわったものであるとの説が最も妥当と考える」という。

桃の実は中国では「邪気を厭伏（えんぷく）し百鬼を制す」とされ鬼は桃を怖れる

厄除けとされる桃の形の瓦（左＝福岡市・承天寺、右＝京都市・妙心寺）

という。この思想は記紀が編述される以前に日本に伝わっており、当時の人びとは桃の実が鬼を避けることができると考えていた。

『日本書紀』巻第一神代上の一書（第九）に「雷等皆起ちて追い来る。道の辺に大きな桃の樹あり。故にイザナギノミコトその樹の下にかくれてその桃の実を採って雷に投げつけたら雷等皆退き去ぬ。これが桃を開いて鬼を防ぐことの縁である」と記されている。

古代の中国では桃は呪物や信仰の対象物となっていた。最古でありもっとも著名なものが「桃茢」である。「茢」は箒のことで、桃の木で作ったほうきとなる。これは葬式のとき軀魔の呪物として用いられる。日本でも桃の実が呪物として用いられた可能性を示す遺物の出土があった。平成二十二（二〇一〇）年九月十日付の朝日新聞は奈良県桜井市の三輪山の西側のふもとに広がる巻向遺跡の大形建物のそばの穴から二〇〇〇個を超す桃の核が出土したことを報じた。巻向遺跡は中国の史書『魏志倭人伝』で女王卑弥呼が治めた邪馬台国の候補地とされている。

奈良・平安時代の貴族たちに大きな影響を及ぼした中国東晋の詩人・陶淵明に『桃花源記』がある。晋の太元（三七六〜九七）の頃、武陵というところの漁夫が谷川を遡っているうちに突然咲きそろう桃花の林の中に迷い込んだ。川をはさむ両岸には数百歩の間桃以外の木は一本もなく、かぐわしい花が鮮やかに咲き誇っていた。漁夫は不思議に思い、さらに遡っていくと桃林は水源の山で終わり、その山に小さな入口があった。入って通り抜けると谷が開け、立派な家屋が立ち並び、よい田畑、美しい池、桑や竹などがあった。村落を行き交う人の服装はどれも外国人であるが老人も子どももみなにこにこ楽しげであった。漁夫を見るとひどく驚いて、どこから来たのかと尋ねた。そこで詳しく話を聞かせると、家に連れて帰り御馳走してくれた。村人たちの先祖は秦（しん）の時の戦乱を避けるため、妻子や村人を連れてこの人里離れた山奥にきて、そのまま下界との縁を切ったといい、漢代を知らずまして魏（ぎ）や晋はいうまでもない。（略）

この話は陶淵明が描き出したユートピア物語である。数多い桃の昔話のなかに桃の花咲く理想郷を探し求めた話が新潟県北蒲原郡豊浦町切梅（現・新発田市）に伝わっている。「三枚の札」という題

渓斎英泉『武陵桃源』ボストン美術館

である。桃の話のあるところの地名が梅というのも何やら面白いものである。

貧乏な爺と男の子がいた。爺は片目と片足が不自由で、ざるや篭を作り、男の子がそれを売り暮らしていた。爺は三晩つづけて桃の花の咲く理想郷の夢を見、男の子に「それがどこにあるのか、人に聞いてくれ」と頼む。誰も教えてくれず、男の子が草の上に寝ていると、白ひげの爺が現われて男の子を起こし桃源の里へ連れていく。男の子はその里の女の家で働き、楽しい日を過ごすが、爺のことを思い出し女に話すと、女は桃源の神に頼んでくれる。白ひげの爺は目が一つと葦が一本書かれた札、桃の実と麦の穂を描いた札、娘の絵を書いた札の三枚を与え、「思うことを頼めばかなえてくれる」と教えて帰す。男の子が目を開けるともとの草の上に、手に三枚の札の入った袋がある。この話では爺は札のおかげで目と足が治り二枚の札は消える。桃の実と米俵と麦の穂の札は宝にしてとっておき、札に頼んでは桃、米、麦を出して、この家の人は幸せに暮らしたという。

現在日本で栽培されている桃は原産地である中国黄河上流の陝西省や甘粛省にまたがる高原地帯からの伝幡の違いによって、三群に分けられる。一つめは縄文時代の終わりに中国から渡来し弥生時代にはほとんど全国に伝幡していたとみられる品種群で、花は観賞用となり、果実は食用薬用とされたが、果実は小さく品質もあまりよくない。現在は在来種として台木に使われたり、花桃として栽培されたりし

桃の木に吊された春節の飾り（中国・広州市）

鍋島焼『色絵桃花図大皿』江戸時代、MOA 美術館

満開の菜の花と咲き競う花桃

ている。

二つめは明治の初めに中国から導入された上海水蜜桃や天津水蜜桃などの水蜜桃群である。現在日本で食用に栽培されている品種は、この水蜜桃群を品種改良したものがほとんどである。

三つめは水蜜桃群と同じように明治以降に導入されたヨーロッパ系品種群である。原産地の桃は紀元前にシルクロードを通ってペルシアに渡って栽培され、その後ギリシアを経てイタリア、フランス、イギリスに渡り、十一世紀にはスペインに伝わり、十六世紀にはメキシコ、アメリカに伝わった。伝播した世界各地では、その土地の気候風土に適した多くの品種が育成されている。

九、南欧生まれの縁起木――オリーブと月桂樹

一神教のキリスト教世界では、この世界も私たち人間もすべてが神（ゴッド）が作ったものであると考えられており、人間の努力によって二度と人間世界に生まれ出ることのない境地、つまりニルバーナ（涅槃）に至ることができるという思想はない。すべては神（ゴッド）の思し召しのままで神（ゴッド）は全知全能の存在とされ、人間は神（ゴッド）に近づくことすらできない。ニルバーナに到達することを教える（ニルバーナに到達した人のことを仏（ほとけ）という。仏に至ることを教えることを省略して仏教という）仏教の根本思想（初期原始仏教の思想で、のちに生まれた大乗仏教の思想とは異なる）では、私たちが生きているこの世界（仏教では娑婆世界という）とそこに現れる現象はすべて「縁」によって生じた仮のもので、固定した実態をもたないと考えられている。現今日本で信仰されている大乗仏教は、初期原始仏教の祖である釈迦の死後およそ五〇〇年後に生まれたもので、観音、地蔵、阿弥陀という仏（ほとけ）の救済力にすがって成仏（じょうぶつ）（仏になること）できるという思想で、

月桂樹の花

月桂樹の実

オリーブの花（上）と実（下）

オリーブの枝を手にした天使（ハンス・メムリンク画、15世紀、ルーヴル美術館）

香川県小豆島のオリーブ園

釈迦が説いた初期原始仏教でいうところの「縁」とは非常にかけ離れた思想となっている。

キリスト教世界においても魔除けのためや幸運の訪れ、あるいは勝利や栄光を象徴する樹木を住居の敷地に植え、これを愛している姿が見られる。日本人は昔から自分たちよりも発展しているものを大した批評をすることなく取り入れ、自らの文化文明の骨とし肉としてきた。とはいうものの、日本人は外国のよいものをそのまま取り入れることはなく、自分たちの体に合うように取捨選択し、かみ砕いていたのである。キリスト教世界の人びとが住居の屋敷内に植え、魔除けや幸運を招く樹木としているものを、信仰する宗教は異なるが樹木好きな日本人は見逃すことなく取り入れ、昔から栽培してきたごとくに縁起木の一種として自らの住居の周りに植え始めている。月桂樹とオリーブの木がそれである。月桂樹もオリーブも常緑樹である。キリスト教世界でも常緑の木は永遠を意味しており、日本の常緑樹に対する考え方と共通している。縁起木として取り入れてもあまり抵抗はなかったのであろうと考えられる。

◉勝利の栄光・月桂樹

地中海沿岸地方に自生している月桂樹は日本では縁起木の一つとして、近年庭木の仲間とともに栽培されるようになった。月桂樹はクスノキ科ゲッケイジュ属の常緑広葉樹で高さ六〜一八メートルになり、直径は三〇センチに達する。雌雄異株であるが雌木がほとんどないので実生での繁殖は困難である。挿し木も可能であるが、日本では挿し木の成績はよくない。そのため取り木により増殖される。取り木は生育している枝を見極め葉腋（ようえき）の下部の樹皮を剥ぎ取り、その部分を水苔と土を混ぜ合わせたものをあてて縛り、その部分が乾燥しないように水を補給していると、その年の秋には根が発生している。樹皮の剥ぎ取りは春おこなう。また根分け法といって植栽している木の根元から発生する多くの脇芽（わきめ）（ヤゴ、ひこばえともいう）を分割する方法もある。なかには脇芽の出ない個体もあるので注意を要する。脇芽は春に発生したものはその年の秋に、秋に出たものは翌年の春に植えるとよい。挿し木は六月上旬から七月中旬までの梅雨期がよく、若芽が固まった時期に枝からむしり取り、土に挿しておく。芽をむしり取るとき下側へとむしると古枝の皮を傷つけるし、古葉が取れ親木の生育が損なわれることとなる。刃物は用いない方がよい。挿し穂の長さは一〇〜一五センチで上の方に三〜五枚の葉を残しておく。挿し木の床は畑地にそのまま挿すよりは箱に床土を入れたものに挿す方がよい。床土は鹿沼土と水苔を半々混ぜたものがよい。これ以外には赤土か黒土に水苔と鹿沼土、川砂を混ぜたものを用いてもよい。発根後の幼時には霜よけや風を防ぐ垣を作ってやること。水やりのときは霧水とする。夏期に挿しつけると三十日くらいで発根する。

月桂樹は日本ではほとんどが記念樹として植えられているが、野生種の多い地中海沿岸地方では並木、庭木、生垣、公園樹、海岸の防風樹とされている。古代ギリシア世界における第一の聖地、デルフィ（デルポイ）のアポロン神殿を囲む生垣も月桂樹であったことが庭園史に記されていると上原敬二は『樹木大図説』のなかで述べている。筆者が見た月桂樹は生垣と庭木である。生垣は東大阪市にある近畿大学東大阪キャンパスの薬学部が栽培している薬草園の周囲を取り囲むもので、高さは一・二メートルくらいに刈り込まれ、栽培している薬草の畑地に無用の人が立ち入らないために学生が往き来する道路と畑地とを隔てていた。秋も近くなると刈り込まれた生垣から何本も徒長枝（とちょうし）がビューと伸び出していた。その徒長枝についている葉は大きく肉料理の調味料や肉の臭みを消すために用いるのに具合がよさそうであった。徒長枝の長さは一五センチくらいは伸びていたようである。

庭木とされている月桂樹は土植えでなく鉢に入れられたまだ若木である。大阪府枚方市池之宮の筆者宅の左右にある隣家二軒の住居に接したところでどちらも高さ一メートルくらいで枝数も少ない若木である。左隣りの家はクリーニング屋を営んでおり、そこの奥さんが花好きというか花の美しい木を植えた鉢物で家をぐるりと取り囲んでいる。葉に斑の入ったヒイラギ、散り椿、サクランボ、ミニザクロ、紅白の梅の木、バラ、ミカン、カエデ、アジサイなどである。玄関先には白い実と赤い実のつく二株のマンリョウが植えられている。クリーニング店という客商売なので多少縁起かつぎのところがあるのだろうか。そのあたりのことを尋ねてみたことはない。二〇種近くの種類の木のあるなかの一つに月桂樹もあった。月桂樹は西欧では勝利、栄光、栄誉を表すという。これには二つの説がある。一つはギリシア神話の河の神ラドンの娘ダフネがアポロン神から逃れるため父神に女身を変えて欲しいと迫ったところ、父神はダフネを月桂樹に変えてしまったとする説である。アポロン神はこれにより月桂樹の枝で冠を作り愛しく想ったダフネを追想したというのが、勝利者の頭に月桂樹の冠を載せるようになったいきさつだという。もう一つは月桂樹は常緑でそのうえ葉に芳香があるため古代ギリシア人はこの木を崇拝していたのが原因であるという。

上原敬二は同じく『樹木大図説』のなかで、「古代ギリシアではオリンポス山において四年ごとに祭典が催されその時の勝利者の頭にはヘラクレスが考えついた月桂樹の冠とオリーブの一枝が載せられていた。それに基づいて以後は名誉表彰、戦勝の勇者に月桂樹の実のついた枝葉とヤシの葉を組み合わせて作られる」という。野生種の多い地中海地方のギリシアであるが、雌木がほとんどないといわれる月桂樹なので実のついた枝は稀少で貴重な枝であることが、ギリシアの人びとによくわかっていたのだろう。競技の勝者となることは、それほど稀少な月桂樹の実のついたものを冠としていただくほどの誉れであった。

日本で月桂樹がよく知られるようになったのは明治三十七

ポンペイの壁画に描かれた月桂樹の冠をつけた若者（1世紀頃、ナポリ考古学博物館）

〜三十八年の日露戦争の後で行われた戦勝記念式挙行以後のことだといわれている。式典は東京・日比谷公園で催され祝賀会ののち同公園に東郷大将と村上大将の二人が月桂樹を手植えしたと伝えられている。

月桂樹の葉は肉料理を調味するうえで必須のものとされており、南ヨーロッパではそのために各家庭に植えられているという。月桂樹の葉は肉に味をつけ、肉の臭みを消すとされている。一般的に常緑広葉樹は火がつきにくく、防火樹として植えられるくらいである。日本の市街地は現在に至るもコンクリート造りの建物は少なく、木造建築物が多いという特徴がある。木造建物においていったん火災が発生すると隣り合わせた近距離の木造建物に容易に燃え移り類焼する恐れがある。木造建物と木造建物の間に常緑広葉樹があるとそれに火がはばまれ類焼を防ぐ。その木のことを防火樹と呼んでいる。防火樹にはサンゴジュ、ユズリハ、ヤツデ、アオキ、カシ類、シイ類、モチノキ、モッコクなどがある。ところが本項の月桂樹は常緑の広葉樹ではあるが、葉に多くの油分を含んでいるので引火しやすい。そのため、この木の近くで焚き火のをするには注意を

旅順陥落を祝って日比谷公園に月桂樹を植樹する東郷大将

要する。月桂樹は火を防ぐどころか移り火を助けることになる木なので、木造建築物に近寄せて植えることは避けた方がよい。月桂樹の葉は煎じて強壮健胃薬とし、根も発汗剤や吐剤とされるが、日本薬局方には載せられていないので、民間療法である。

月桂樹には二種類ある。その一つは地中海沿岸地方に産するもので、もう一つはアフリカ大陸の北西に位置するカナリア諸島マデイラ産のカナリーゲッケイジュといわれ、この種は月桂樹よりも葉の幅が広い。ほかに葉が青地を染め抜いたように黄色な斑のできる斑入り月桂樹がある。

◉平和の象徴・オリーブ

オリーブはモクセイ科オリーブ属の常緑高木の広葉樹で、夏期に降水量の少ない西欧文明発祥の地の地中海沿岸地方が原産地となっている。果実は多くの油分を含んでおりオリーブオイルが採取される。地中海地方では古代から油糧作物として栽培されてきた。日本では江戸時代に平賀源内が栽培を試みている。日本でオリーブ栽培が成功したのは明治後期の一九一〇年頃で地中海地方と気候が似ている瀬戸内海の香川県小豆島(しょうどしま)である。現在では香川県を含む四国全域、岡山県、広島県、兵庫県、九州、関東地方、東北地方など全国的にオリーブ栽培は広がっている。宮城県石巻市は東日本大震災からの復興の一環として「北限のオリーブ」栽培に取り組んでいるという。オリーブオイルは食用とされるため古代から重要な商品作物として交易商品となっていた。オリーブ原産地の一つであるギリシアでは古代の紀元前七〇〇年頃からオリーブが栽培され、その果実から搾ったオリーブオイルの交易によって国力を蓄え繁栄したといわれる。ギリシア文明を生んだのはオリーブオイルであったのである。またギリシアは地中海沿岸各地に植民地として都市を建設しているが、その際にオリーブを移植させたので各地にオリーブ栽培が広まった。イタリア半島には紀元前に移植され、その地はやがてオリーブの主要生産地となったのである。

オリーブは原産地のギリシアでは「エライア」（オリーブの木や実を指す）と読まれ、それが「エライオン」（オリーブオイルを指す）となり、ラテン語の方言として「オリーブ」となり、中期英語に取り入れられ「オリーブ」と呼ばれた。日本ではフランス語を音写した「オリーブ」と呼ばれる。また日本では明治大正期に「橄欖（かんらん）」と呼ばれたことがあった。橄欖の木はオリーブとまったく違う樹木であるが、翻訳するとき間違った字を当ててしまったものである。

オリーブの果実はオリーブオイルを搾るだけでなく食用ともされる。そのまま生食すると苦味が強い

明治初期にヨーロッパから初めてもたらされたオリーブの木の一本とされる神戸市・湊川神社の古木

が、加熱すると苦味はやわらぐ。ピクルスやピザの材料とされる。オリーブオイルは果実から搾られるが、種子からも油が採られ、こちらの方はオリーブ核油といわれて、果実を搾ったものよりも品質が劣る。オリーブオイルを搾った果実いわゆるカスは飼養している豚や牛、地鶏に飼料として与えられる。オリーブの葉は、その生育地が生長期の夏期に雨の少ない乾燥気味の地方であるため、小さく硬い。この葉を粉末にして養殖ハマチに餌として与えるとハマチの味がさっぱりしたものになるといわれている。

　オリーブの幹は木材として利用されるが、その材は爪の先を押しつけてもほとんど傷がつかないほど硬く比重は約〇・九と重い。材質は緻密であり油分を含んでいるため耐久性がある。用途は装飾品や台所道具に使われている。日本では印鑑の材料とされる。使われる台所道具はまな板やすり鉢、すりこぎ、スプーン、調理用ヘラなどである。オリーブ材の加工はフランスやイタリアで盛んに行われている。乾燥した岩石の多い土地に生育していることが多いオリーブの木は生長が悪いため細い木が多い。加工用とされる大きなオリーブ材はチュニジアなどのアフリカで産するものが多いといわれている。日本では香川県の小豆島でわずかながらオリーブ材が生産されているという。住居の玄関に飾ると幸運を招くとされるオリーブの枝は、鳩とともに「平和の象徴」とされている。これは旧約聖書のノアの方舟(はこぶね)の条(くだり)にある。地上に悪しき人間がはびこっているのを見た神(ゴッド)は人間をこらしめるため、神罰として地上に大洪水を起こした。この大洪水によって悪しき人間と神(ゴッド)が認めた人間のほとんどは滅びた。ノアは動物一対ずつとともに方舟に乗り大洪水を避けた。方舟は山の頂上に流れ着き助かった。陸にたどり着いたノアが他の陸地を探すため鳩を放つと鳩はオリーブの枝をくわえて帰ってきたので、大洪水は治まり水が引き始めたことを知った（創世記八章八〜一二節）ことに基づいたものである。この故事からオリーブの花言葉は「平和」「安らぎ」「知恵」「勝利」とされている。またオリーブの枝を玄関に飾ると魔を除き幸運が訪れるとヨーロッパではいわれている。

第一次世界大戦終戦直後（1919年7月）に発行された世界平和記念切手

◉庭木としてのオリーブ

オリーブも月桂樹と同じように果実を採取する目的ではなく、庭木として植えられているところが筆者の住む大阪府枚方市池之宮にある。筆者宅の左隣のクリーニング店の横はバス通りとなっている。バス道の南側はゆるやかな傾斜地で、その斜面に昔の池之宮村時代からの方の住居が十数戸軒を連ねている。農家風の古い家屋列のさらに南側は道路となって、地元の人たちはこの道を脇道として利用している。脇道はバス道と細い道でつながっている。二つの道路の交わるところから三軒目のお宅は古くなったためなのか、今から三年前に建て替えられた。その時に和風だった庭にも手を入れられ、自動車の車庫がつくられ芝も植えられた。その庭の西南隅にオリーブが、鬼を払うと昔からいわれているヒイラギとともに植えられている。オリーブは果実を実らせるくらいの太さであるが、その梢はフェンスと同じくらいの高さで刈り込まれており、脇道からは果実を確認することはできなかった。オリーブとヒイラギと並んだところには春先に黄色い花を開くロウバイがあった。オリーブの木は二本あり、その斜め後ろに土を盛ったところが二カ所あり、その土盛り地にはそれぞれ縁起木の松が植えられている。松とはいっても日本産の二葉松ではなく北アメリカ原産の二枚の長い葉をもつ大王松(だいおうしょう)である。大王松はこの地が生育条件にあったのか、植えられたときは一メートルくらいの小苗であったのがぐんぐんと大きくなり、三年後の現在では高さは屋根に達し、太さは脇道からの遠目での目測だが一〇センチはありそうだ。真っ直ぐに伸びた幹には三〇センチくらいの長い針葉が直角にびっしりとついている。大王松は正月に縁起物として生け花とされる。大王松の若枝は剪定してもそこから不定芽が発生する。日本の二葉松はいわゆる松のミドリと称されるその年に出た新芽を剪定したときには不定芽が出るが、枝が固くなったものは不定芽を出すことはない。大王松は葉が長いだけでなく不思議なところのある松類である。大木になる樹種なので、普通の人家の庭に植えられることはあまりない。枚方市藤阪では以前正月の切り花用の枝を採取するために畑で栽培されていたが、それは一〇年以上前のことで、その大王松畑は建て売り住宅地となっている。

神戸市のビル屋上の「そらガーデン」には推定樹齢五〇〇年のオリーブの木が植えられていると、兵庫県三田市に住む筆者の友人・一樹(いちき)洋彦氏が令和二年の年賀状で教えてくれた。阪神・淡路大震災の復興のシンボルとして植えられたのだが、ギリシアからの海上輸送が大変であり、ビル屋上で育てるのも難しいとのことが記されている。

オリーブの枝は古代オリンピックではクレタ島のオリーブの木から冠が作られ勝者の頭に授けられた。前述したように、オリーブは旧約聖書にあるノアの方舟の記述から平和の象徴となっている。しかし大洪水で人間はほとんど滅びたとされているので、この「平和」とは、現世での平和ではなく、神(ゴッド)の審判を受けたのちに神(ゴッド)が人間として認知した者たちが創った世界であり、いわば未来における平和である。神(ゴッド)の審判はいつ行われるのか聖書の記述はなく、時期は詳らかでないままである。しかしキリスト教徒の人びとは神(ゴッド)に委ねたままで審判を待ち続けている。不平不満を言うと審判の時地獄へ落とされるのではと、怖れている。はかりしれないほど先に到来するであろう時における平和であるが、私たちはそれを現世における平和と誤解しているのだ。

十、香りが運ぶ幸せ――日本の三大香木

1 最も身近な香り? キンモクセイ

初秋に都会でも田舎でも散歩していると、どこからともなくキンモクセイの甘い香りが漂ってくる。ポピュラーな庭木で香りが高いものといえば、秋のキンモクセイ、夏のクチナシ、早春のジンチョウゲが御三家であろう。インターネットのブログ記事などでは「日本三大香木(こうぼく)」などと評価し、この三種類をあげている。香木とは、正確には、よい匂いを漂わせるために焚く香りの高い木のことで、香道(こうどう)で用いる沈香(じんこう)や竜脳(りゅうのう)、白檀(びゃくだん)などの木質部分にすぐれた香気のある木が代表であるが、これらは日本には産出しない。とはいえ、世界的にも樹木の多い地域にあたる日本には花や葉、枝、果実に強い香りをもつ樹木が数多くある。もちろん、日本原産ではなく外来木で日本に渡来して現在栽培されている樹木も含め

てのものである。ネットのいう香木とは香りを放つ元から三〇メートル離れていても香りを感じることができる強い香を放つ花の咲く木という意味らしい。キンモクセイは中国原産の木で日本には自生していない。

キンモクセイ（モクセイ科モクセイ属）と同じ仲間のギンモクセイは九州の山地に自生しているといわれる。キンモクセイは花色が橙黄色なところからつけられた名で、ギンモクセイの花は白色であるため黄色の金に対して白色の銀がつけられた。両種の香りを比較するとキンモクセイの方が強く香りは濃香で甘く、ギンモクセイの方はキンモクセイに比べると優しく淡泊な感じがするという人もいる。キンモクセイは十月ごろ小さな橙黄色の花を葉の腋（えき）に群がってつける。キンモクセイは原産地の中国では雌雄異株であるが、日本に生育しているものは雄木ばかりなので挿し木によって増やす。

辻井幸一は『日本の樹木』で「キンモクセイもギンモクセイも常緑樹なので定番庭木として植えられてきた。世界でも香りのよい花と整った樹形が愛でられ、各国の庭園に植えられている」と、世界的な

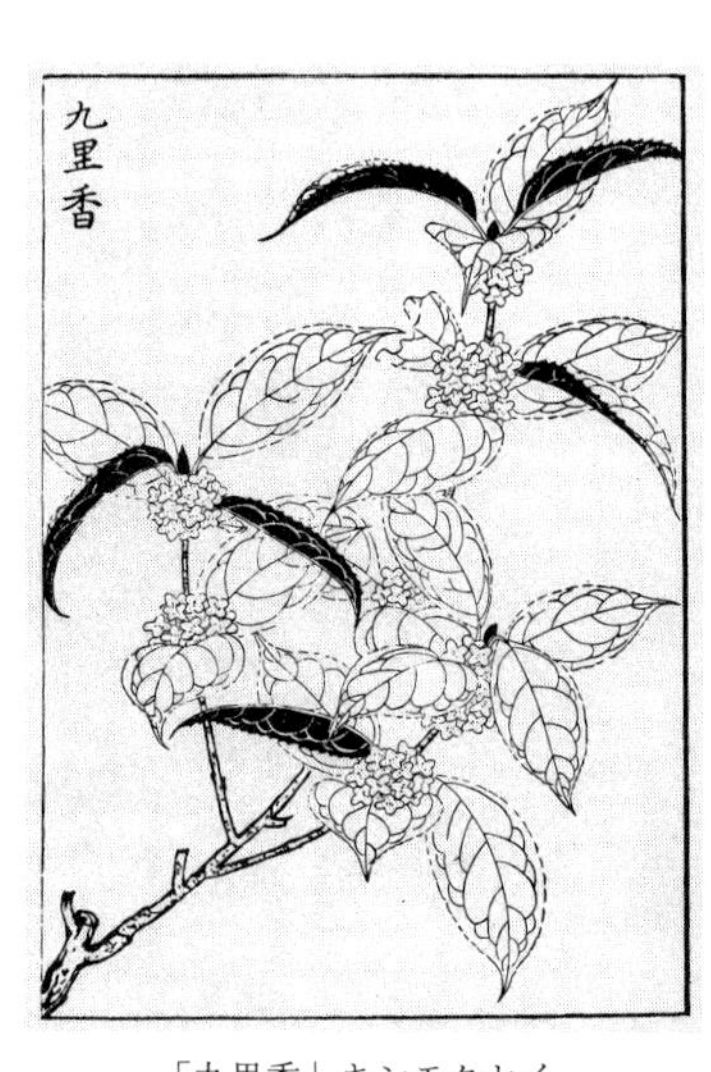

「九里香」キンモクセイ
（『花彙』明和2〔1765〕年）

庭木となっていることを述べている。そして日本国内でもキンモクセイとギンモクセイの栽培に地方差のあることについて、「キンモクセイは関東地方に多く、ギンモクセイは関西地方に多い傾向があるという。これは嗜好の違いかも知れないが、もう一つは関東では相当大きくならなければ花のつきが悪いことと、関西では繁殖用の挿し木の成績が悪いという栽培上の問題がこうした差異を生んでいると思われる」と記している。

キンモクセイは中国では「丹桂（たんけい）」という。中国ではモクセイのことを「桂」と書く。中国南部の景勝地として知られる「桂林（けいりん）」は中国のチワン族自治区の南部で西江の支流桂江の西岸に沿っており、湖南省との交通の要路であり、山水の美しいところとして名高い。

キンモクセイは江戸時代の元禄期（一六八八〜一七〇四）には渡来しており、江戸の植木屋・伊藤伊兵衛が著わした『広益地錦抄（こうえきちきんしょう）』に「はなも木も木犀にて花色柿紅いろ丹のいろなればとて丹桂といふなり、もくせいを桂といへばなり、花ひらくとき薫香白花のもくせいよりふかく匂おとれり」とキンモクセイを丹桂ということに触れ、薫香はギンモクセイよりも深いが、匂いは劣っていると記している。

『樹木大図説』（一九六一年）はキンモクセイの大木について触れている。大分県直入郡九竜山（久住山のことか）に近いところに大木があり、樹齢三〇〇〜四〇〇年と伝えられる。愛媛県温泉郡桑原村旧得能寺前の桑原のキンモクセイは地上一・五メートルの幹の周囲二メートル、高さ一二メートル、四〇〇年と伝えられる。福岡県浄羽郡水縄村石垣観音寺のものは幹四本立、根元周囲六メートル、宮崎県南那珂郡飫肥町伊知地家所有のものは目通り周囲二メートル、高さ一三メートル、三五〇年という。東京では根津権現のものが高さ八メートル、周囲四メートルあったとのことだが、現在は見当たらない。樹叢として保存の指定をうけたものは鹿児島市照国神社境内の城山の樹林にある。

キンモクセイが文化財として指定されたものは次の七件ある。

静岡県・三島神社のキンモクセイ。推定の樹齢は1200年以上とされている。

①三島神社のキンモクセイ。静岡県三島市三島神社にある。高さ一五メートル、根元周囲三メートル、地上一メートルで南北に分岐し、北側の幹の周囲一・六メートル、南側の周囲二メートル、枝張一〇メートル、雄株。昭和八年の記録では、第一回目の花は、九月十日に蕾が現われ、同月十二日に開花、同月十四日満開、同月十七日落花、第二回目の花は九月二十二日に蕾が現われ、同月二十六日に開花、同月

二十八日満開。花色は淡黄色、外面は帯黄白色、おそらくウスギモクセイであろうといわれる。

②群馬県伊勢崎市華蔵寺公園入口にある同寺のキンモクセイ。高さ一一メートル、根元周囲二・一五メートル、目通り周囲二・六メートル、黄紅色、十月上旬開花　昭和十二年六月指定。

③群馬県邑楽郡邑楽村・永明寺のキンモクセイ。根元周囲四・六八メートル、地上一・三メートルで南北に二分岐しており、その部分の周囲三・四メートル、昭和十二年六月指定。

④愛媛県西条市飯岡野往至森寺の門外にあるキンクセイは根元に盛土してある。高さ一六メートル、根元周囲三メートル、地上一・二メートルで四つの幹に分岐している。最大の幹は周囲一・四メートル、香気は半里（約二キロ）に及ぶという。昭和十二年四月指定。

⑤熊本県上益城郡甲佐町麻生原居屋敷観音堂の南側にあるキンモクセイ。根元周囲六・四メートル、目通り周囲二・八メートル。地上三・五メートルで三つに分かれる。枝張七〜一〇メートル。第一回の花は秋の彼岸頃、これが落下後第二回の花が開き十月上旬に落下する。花色は淡黄色。昭和九年十二月指定。

⑥宮崎県東臼杵郡北浦村古江の海岸にある河野作平氏所有地のキンモクセイ。高さ一八メートル、目通り周囲一・五メートル、昭和五年四月指定。

モクセイは花の色によって品種が分けられる。白色、橙黄色、淡黄色のものをそれぞれギン（銀）モクセイ、キン（金）モクセイ、ウスギ（薄黄）モクセイと呼んでいる。モクセイは大気汚染の著しいところでは花をつけない。

キンモクセイもギンモクセイも、花が咲いて数日も経つと、気づかないうちにポロリポロリとこぼれ落ちてくる。ナンテンの花よりも重いので風に吹きとばされず、樹下はいつしか散り落ちた小さな落花で敷きつめられた状態となっている。

木犀の落花鋸屑紛らはし　　山口誓子

モクセイの花は集めて乾燥させ枕に入れると、寝るときいい香りを嗅ぎながら眠れる。お茶のように飲むことができるし、モクセイの花を入れたお酒（桂花酒）もあるが、こちらはいい香りはするものの、少々甘い気がする。キンモクセイの花の香は合成され消臭剤の中に入れられている。いつだったか、新聞の投書欄で、保育園児の孫をつれて散歩していたら「おばあちゃん、トイレのいい匂いがしてくるね」と告げられたとの記事を読んだ記憶がある。いまではキンモクセイのように自然の草木が放つ香りのほとんどが化学合成できるようになっているが、三大香木のうちには香りを合成できても経済的に引合わないものもあるようだ。子供は記憶に正直である。御婦人は「この香りはキンモクセイという木の花の香りよ」と教えたに違いない（芳香剤のキンモクセイの香りは一九七〇年代初頭に始まり、九〇年代前半までは主流だったが、現在ではほとんど姿を消しているとのことである）。

都会にはいろんな形の町が含まれている。商店街、官公庁街、古くからの住宅地など、町によってその機能が違っており、その違いによって町の様子が異なっているのが普通である。そして、都会の中心部を抜け出したところには、新興住宅地が出現する。

新しく作られた住宅団地は、設計図に基づいて道路がキチンと整備され、初めて訪れても〇〇町〇丁目〇番〇号と住所を見れば迷わずたどりつけるように出来ている。ところがである。目的の住居を見つけ、いざ帰ろうと団地の出口へと向っても、入ってきた時とは進む方向が逆で、迷ってしまうことがよくある。住んでいる人には簡単なことなのであろうが、来訪者には迷いやすい。新しく出来た住宅団地でも、住宅周りのところは樹木を植えたり、草花が作られていて小さな庭のようになっている。庭木の定番とされている香りのよい花を咲かせるキンモクセイも当然植えられている。知らない町に住む人を訪ねて帰り道を迷ったあげく、道路の交差点の辻に出たとき、ふとキンモクセイの香りがしてきた。

路迷い金木犀の辻に出る　　今出美智子

風は障害物があるとそこで止まり、次へとは進めない。建物は風にとっては障害物となるので両側を建物ではさまれた道路は、いわゆる風の道となりやすい。花の香りは風によって運ばれるが、道路端にキンモクセイの木があれば、花の季節には道路伝いに一〇〇メートルくらい先の香が運ばれることはよくある。

金木犀の香り運ぶや風の道　　布施勝俊

初秋のキンモクセイの香に亡き夫をしのぶ女性の短歌がある。

俺よりも先に逝くなと夫(つま)言ひき遺されて木犀の花に寄りゆく　　松井敏子

キンモクセイもギンモクセイも俳句では秋の季語であるが、どちらも六字の字余りなので略されて「もくせい（木犀）」と詠まれている。

リハビリという暗がりよ金木犀　稲岡已一郎
木犀のほろほろ金の雨雫　佐藤礼子
木犀の香り伝ひの家路かな　高橋逸郎
昼も夜も自己主張せり金木犀　猊倉久子
木犀の朝一番の匂ひかな　秀島みよ子

2　早春の香気　ジンチョウゲ

「日本三大香木」のなかで早春に花を開き香気を遠くまで漂わす庭木にジンチョウゲがある。ジンチョウゲ科ジンチョウゲ属の中国原産の常緑低木で、高さは一メートルくらい。その香気が愛でられ、関東地方以南では人家の庭によく植えられている。別には「三大芳香花」ともいわれる。中国では「七里香」という別名もある（キンモクセイは「九里香」）。中国の一里は約四〇〇～五〇〇メートルなのだから、ジンチョウゲの香りは二・八～三・五キロメートルくらい届くことになる。役にも立たないが害にもならないことを「沈香も焚かず屁もひらず」というが、この沈香とは香気の高いジンチョウゲ科に属する有名な香木のことである（特に正倉院宝物の「蘭奢待」は名高い）。

古いことわざに「沈丁花は枯れても香し」がある。ジンチョウゲ（沈丁花）の名は、香りが沈香と丁字の香を合わせてもつので沈丁花とするという説と、香りは沈香に似ており、花の形は丁字（丁香）に似ているので沈丁花とするという二つの説がある。

ジンチョウゲの花は冬に枝先の葉の間に叢生する。春分前後に一五～一六個の花

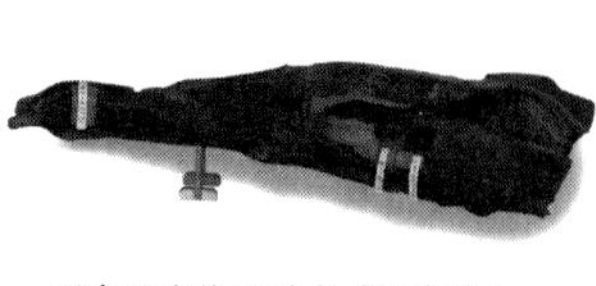

正倉院宝物の香木「蘭奢待」

を球状に配列して開く。花（正しくは萼）は管状になっており内面は白色、外面は紫赤色であるが、白花の種類もある。ジンチョウゲには次のような品種があり、それぞれが庭木として植えられる。

シロバナジンチョウゲ　花の色が白い
ウスイロジンチョウゲ　花の色が薄紫色
フクリンジンチョウゲ　葉の縁に斑が見える

ジンチョウゲは中国では「瑞香」と呼ばれる。この名について『樹木大図説』は、明朝時代に著された『五雑組』によるとし、次のように記している。

むかし盧山に比丘尼（女性の僧のこと）がいた。彼女が石の上で昼寝していたとき、夢の中で嗅いだことのない香わしい薫香を嗅いだ。目が覚めてから香のありかを訪ね探したところ、この沈丁花があった。そこで彼女はこの花の名を「睡

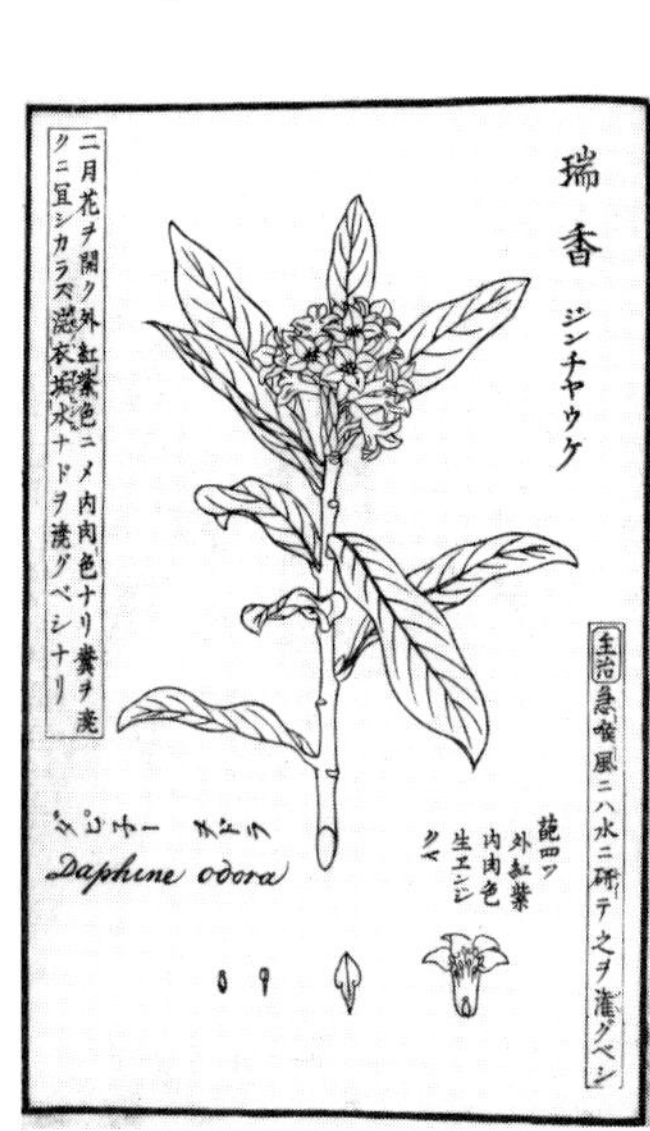

「瑞香」ジンチョウゲ
（川原慶賀『慶賀写真草』天保７年）

香」と付けた。のちに好事家がこのことを奇(あやし)とし、目出度い前兆として「瑞香」と名付けたのであるが、その後比丘尼は「睡香」を「瑞香」と改めた。

ジンチョウゲは高さ一〜二メートル、主幹はなく、枝は密生し樹形は叢状となる。雌雄異株で、日本には雄木のみ渡来しているので、この木の果実を見ることはほとんどない。余談だが紙幣の一万円札の原料として使われるミツマタ（三椏）もジンチョウゲと同じ科であり、この科特有のいい香りのする花を開くので、近ごろは庭木として植えられるようになった。

ジンチョウゲは日本に渡来したものは雄木とされているので結実はしないが、もとは両性花であったものが後に単性に変わったといわれるので、きわめて稀であるが結実することがある。『樹木大図説』は、昭和二（一九二七）年六月、東京市外戸塚町の薬学者・朝比奈泰彦博士の庭のものが偶然二つの枝に一個ずつ結実し、また小石川植物園のものに結実、昭和十六（一九四一）年三月には東京市杉並区馬橋の安田寛次氏の庭のものに結実していたことを述べている。ジンチョウゲは雄木なので繁殖は挿し木による。強い刈込みには耐えない、移植は困難である。

結実した珍しいジンチョウゲ。実は有毒である。

現在でも日本のジンチョウゲはほとんど雄木で、最近では雌株も導入されはじめてはいるものの、まだ稀な存在であるから、結実したものを見かけたら新聞でもテレビでもニュースとして取り上げられるかもしれない。その際にはジンチョウゲが雌雄異株で日本に渡来したとき雄木ばかり来たため雌木が稀であり、学問的な発見であることを伝えることが必要。二〇年近く前になるが、やはり雌雄異株のシダレヤナギの珍しい雌木を見つけた筆者は、学問的に貴重な発見であることを付け加えて連絡したところ、NHKの全国ニュースとなったことがある。当時と同じようにはいかないかも知れないが、ジンチョウゲの場合もシダレヤナギ同様の価値があると思っている。同じことがキンモクセイの雌木でも言える。

花言葉は栄光、不死、不滅、歓喜、永遠。俳句では春の季語とされ、沈丁花と詠まれることも、略されて沈丁（じんちょう）とも丁字（ちょうじ）とも詠まれる。

沈丁や万葉仮名の芳しき　宇咲冬男
沈丁や風まだかたき浦の町　甲斐ミヤ子
ときめきの無き一日や沈丁花　正影延子
坂がりに宵のともしび沈丁花　野村尚子
足を止め匂ひに顔寄せ沈丁花　宮本　勇

沈丁や聖書のはなし長くなる　竹内千枝子

沈丁花咲かせ売家に立つ織　石田たず

明日まだある窓あければ沈丁花匂い　吉原地陽子

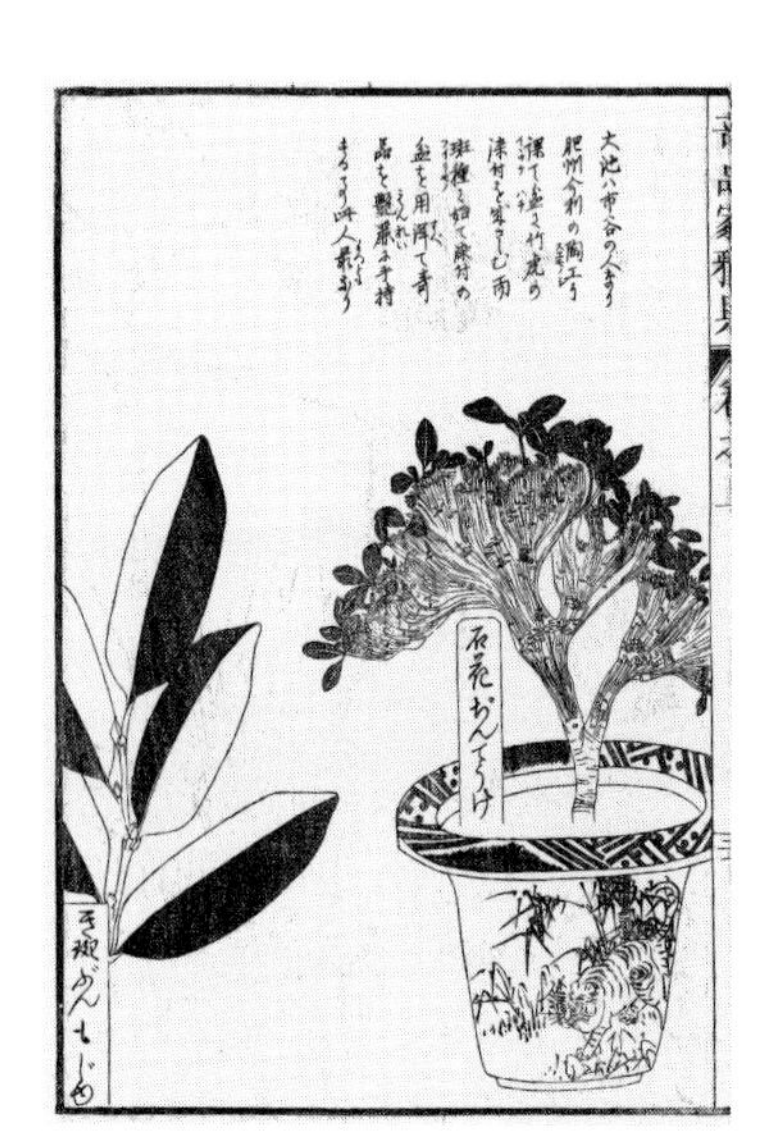

江戸時代の『草木奇品家雅見』には、枝の一部が扇状に変化した奇品「石化沈丁花」が描かれている。

3 夏の夜に香るクチナシ

クチナシは日本に自生している樹木で、本州の静岡県以西、四国、九州、南西諸島の森林に分布している。アカネ科クチナシ属の常緑広葉樹の低木で、刈込みにもよく耐えるので生垣とされているものをしばしば見かける。しかしクチナシを庭に植えるとアリが来るといって嫌う地方もある。和名のクチナシとは「口無」のことで、果実が成熟しても裂開しない、つまり口を開かないところからこの名があるといわれる。バックリと大口を開くアケビとは好対象である。クチナシは筆者の生家にも四、五本が植えられていた。筆者の生家は岡山県の北東部で美作台地という丘陵がうねる地域の低い丘の上にあった。南迫(みなみざこ)と呼ばれる東西に三軒の有岡姓の家が並ぶ小集落で生家がもっとも西にあったので通称は「西」と呼ばれており、他の家はそれぞれ中、東と呼ばれていた。浅い丘陵の谷間の谷田での稲作農業を営んでおり、家の前には秋に収穫した稲籾を乾燥させるための籾干し場があった。籾干し場は日当たりがよいようにと家の南側に設けられていて、その東の端っこ

熟しても裂開しないクチナシの果実

キンモクセイの花

江戸後期に描かれた「きんもくせい」（上）と「ぎんもくせい」（左）
（岩崎灌園『本草図譜』文政11年完成、田安家旧蔵の写本、国立国会図書館）

ギンモクセイの花

季節ごとの花と歌舞伎の役者を組み合わせた豊原国周『十二ヶ月花合』より、12月の花・沈丁花と源義経を演じる中村宗十郎（ホノルル美術館）

早春に香気を漂わせる
シロバナジンチョウゲ（京都）

に飲料水を汲みあげる井戸が掘られていた。丘ばかりの地域でそのうえ家が丘の尾根部分に当たってい たので地下水脈まで穴が届いていなかったが、それでも井戸穴は深く、六メートルくらいはあったと思う。井戸穴の直径はおよそ一メートルで上部に水を汲みあげるつるべを吊す滑車をとりつける桁をもった小さな屋根があり、三寸五分角の角材の井戸枠が設けられていた。クチナシは井戸の東側にサツキツツジとともに植えられていた。高さは一・五メートルくらいはあったように記憶している。つるべで井戸水を汲みあげる場所の向かい側にクチナシの木はあったので、井戸水を汲んで大きな水甕を満たしておくことが仕事となっていた筆者は、水を汲みながらクチナシの生態を観察できた。クチナシの花は昨年出た枝の先端に一つずつ朝顔の蕾のような形の小さな花がつき、サツキが咲き終った六月中旬頃になってくると巻いていた蕾がほどけ六升の白い花が開く。輪郭のしっかりしたまっ白な花で凛としている。花が放つ香りは甘く、渡哲也により大ヒットした『くちなしの花』では「旅路の果てまでついてくる」とまで歌われ、その姿や香りは女性によくたとえられる。

埼玉県八潮市、静岡県湖西市、愛知県大府市など多くの市で「市の花」として選定されている。だが、緑の葉とまっ白の花の彩りをたのしもうと花瓶に枝を切り取ってくると、じきに萎れて黄ばんでくる。水上げの悪い花の一つである。それだけでなく、木に咲いたままの花もあまり長もちしなくて茶色く萎れていく。クチナシの花は咲いた当初はまっ白で端正であり美女の姿にもたとえられる美花であるが、

「くちなしの小町のやうに萎れゆき」（岡本輝久）と詠まれるように、絶世の美女と称えられる小野小町の姿を彷彿とされるクチナシの花だが、盛りを過ぎたクチナシの花を目にした人は、小野小町の老いゆく姿を重ねたくなるのであろう。また小野小町どころではなく、クチナシの花の変化を目にした女人は「梔子のさびゆく夜は酒のみて」（前田保子）と、デンと鏡の前に座ってはおれないであろう。クチナシの強い香りで人間の何倍もの嗅覚のきく犬はオドオドと落着かなくなり「くちなしの香りに犬が落ちつかず」（町田睦夫）と詠まれることとなる。クチナシ（梔子）は俳句では夏の季語である。

薄月夜花くちなしの匂ひけり　　正岡子規
くちなしや路地を駆け抜く雨匂う　　鈴木敬治
過疎の接点たぐれば梔子匂う　　佐藤隆一

クチナシの開花時期は六月から七月で、まっ白から茶色に変わりしぼんでいく姿には何か無惨なものを感じられる。白い花が茶色になりはじめた頃から黄色い小さな果実が花のある枝の頂上部に見えてくる。はじめの頃はやっと気づくほどの小さなものであるが、秋の深まりとともに次第に大きくなり、形も円筒形だったものが、稜（りょう）の部分が見えてくる。この状態になってからしばらく時間が経つうちに果実

ジンチョウゲの園芸種
右＝フクリンジンチョウゲ（斑入り）
左上＝ウスイロジンチョウゲ
左下＝シロバナジンチョウゲ

梅雨の季節に開花するクチナシ（静岡県袋井市）

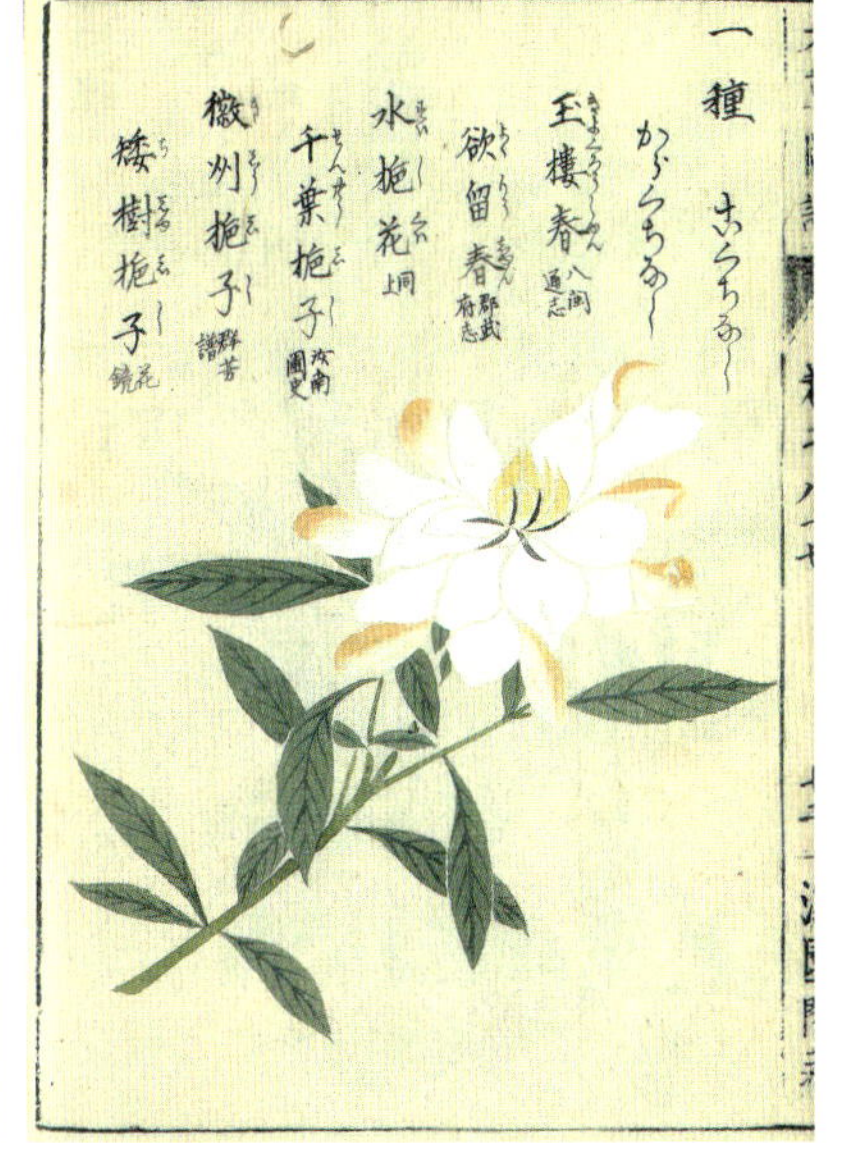

江戸後期に描かれた「くちなし」。下左＝実、下右＝八重咲き。
（岩崎灌園『本草図譜』文政11年完成、田安家旧蔵の写本、国立国会図書館）

はだんだんと赤く色づいてくる。秋の終わりには熟す。その頃に果実を採取し保存しておく。外気の気温が寒くなると筆者は手足に霜やけができた。内陸性気候のところなので秋も深まり冬の季節になると籾干し場となっていた庭には霜柱があらわれた。場所によって霜柱の厚さは異なるが、厚いところでは三センチくらいもあった。霜やけができると保存していたクチナシの果実を割って内部のわずかな果汁を塗りつけ薬とした。民間療法である。クチナシを塗りつけられた部分は黄色く染ったが霜やけはひどくならなかったように憶えている。

クチナシの果実にはカロチノイドの一種のフロミンが含まれており、乾燥した果実は古くから黄色の染料として衣料や食品を染め上げてきた。大分県臼杵(うすき)市の郷土料理・黄飯(おうはん)はクチナシの果実で色づけと香りづけされた黄色な飯である。なお、愛知県名古屋市を中心とした地域にも同名の料理があるが、こちらは「さいはん」と読み、黒豆がのっており端午の節句に食べられる。インターネットによると静岡県東伊豆町稲取にも黄色い飯があり、こちらの方は「きめし」といわれる。うすい塩味で三月三日のひな祭りのときに食べられる。黄飯の作り方はクチナシの乾燥した実に刻み目をつけ、水に浸し、黄色く染った水で米を炊く。臼杵市では、大根、ニンジンなどの根菜などとエソなどの白身魚とを炒め煮した「かやく」と呼ばれる料理に添えられる。そのため臼杵では「かやく」のことを「黄飯」と呼ぶことがある

乾燥したクチナシの実

のだそうだ。臼杵で黄飯の生まれたいきさつは、近世の臼杵藩で稲葉氏が藩主のとき財政が困窮したため、慶事のときに出す赤飯の代わりに出す料理にしたものといわれている。また臼杵藩は江戸時代以前にはキリシタン大名の大友宗麟の本拠であった土地で、このため黄飯はスペインのパエリアの影響を受けているともいわれる。

クチナシの葉はオオスカシバという蛾の幼虫の食草となっており、丸々と太った青虫が葉の上で猛烈な勢いで食べている姿を時折見かける。ベランダなどでクチナシを栽培していて、一晩のうちに青虫に葉を食べつくされて幹だけの裸木となってしまったので、オオスカシバの幼虫だとはわかっているが、青虫がすっかり憎らしくなってしまったと、女性が話しているのをラジオで聞いたことがある。筆者の散歩道にはキンモクセイと一緒にクチナシを高さ二メートルくらいの生垣にしている家があるが、キンモクセイの葉はきれいな葉っぱであるが、クチナシの方はほとんど青虫に食べられているものを時々見かけることがある。

余談が長くて恐縮だが、かたわらにクチナシが植えられた井戸の話の続きである。つるべで水を汲みあげるのであるが井戸水を汲みあげ、バケツで台所にある水甕を満たしておくことが子供時代の筆者に課された仕事であった。つるべ井戸の近くにはクチナシ以外にもクロマツやアラカシがあったので、それらの樹木の落葉が井戸に落ちて汚れてくるので、一年に一回、夏の土用の時期に井戸さらえと呼んで、井戸水を全部汲みあげ、井戸のなかの側面に生えたシダ類を刈り取ってきれいにし、底面もきれいにすることがあった。深い井戸などで、長いハシゴを井戸の底までおろし、ハシゴを井戸枠にしばって動かないようにして、井戸の中に入っていった。外気は三〇度近くの暑さでも井戸の中はひんやりとして涼しかった。

井戸さらえのとき筆者宅の東隣の有岡中家でびっくりする出来事があった。有岡中家は筆者生家の井戸よりもよく水が湧いた。その井戸水を全部汲み出すため、つるべで何度もタライに汲みあげていたところ、何度目かのつるべの中に、井戸水とともに長さ三〇センチくらいもある大きなマムシが入っていたのである。井戸には横から入る穴はないので上から落ちこむ以外にはない。カエルかネズミを追っていてあやまって落ち込んだのだろうと話をしたものだった。冷たい井戸水で体を冷やしていたためかマムシはおとなしかったので、有岡中家の人につかまり、皮をはがれて割り竹にはさまれて陽にさらされ、干し上げられたのだった。そのマムシは雌だったので、井戸の中で子マムシを産んでおり、最終的に井戸水を全部汲みあげ、井戸水がなくなった時点ではマムシの数は一〇匹となったのである。マムシは卵胎生といって、母マムシの体内において卵がかえり体は小さいが親と同じ姿で生まれるのである。口から子マムシを出すため、邪魔にならないように牙を抜くため、咬みつくのだという説を筆者の生家付近では言っていた。マムシが怖いのは秋の出産期で、春から初夏のマムシは驚かさなければとびかかってくることはない。クチナシのことでは筆者の生家と並んだ三軒の家にクチナシがあるのは筆者宅だけであった。

クチナシの果実は稜（りょう）のある特異な形をしている。その形をモデルにしたものとして将棋盤や碁盤の脚があるという。将棋や碁は対局する二人の勝負であり、横で見ている人には岡目八目といって勝負の行く方がよくわかるので、つい「そこではない。こうやった方がいい」と口出しするようになる。それをいさめるため、クチナシの形をモデルにし、将棋、碁は対局中はクチナシ（口無し）つまり口出し無用を表わしているといわれる。そして盤の裏に四角い凹みが彫ってあるのは、口出しをした者の首を切って載せる首台を意味しているという怖いことをいうこともある。

中国でも強い香りのあるクチナシは茉莉花（まつりか）や白蘭花（はくらんか）（ギンコウボク＝銀厚朴）とともに女性たちが愛し、髪に挿したり襟もとや胸に飾ったりする習慣が最近まで続いていたと飯倉照平は『中国の花物語』のなかで述べている。同氏はまた一九八五年の夏湖南少西部にある湘西（しょうせい）

クチナシの実をかたどったとされる将棋盤の脚

土家族（トゥチャ）苗族（ミャオ）自治州の首府である吉首市（きっしゅ）の招待所（公営の宿泊所）を招れたとき、芳香のある花をつけるモクセイとクチナシの大きな株が玄関の両わきに一本ずつ植えられていたと驚いている。しかもクチナシは高さ三メートルほどあり、大木に見えるような樹形をした喬木（きょうぼく）仕立てとされていたのであった。

さらに同書は、漢代に書かれた『史記』の貨殖（かしょく）列伝の利益の多い資源作物のなかに「卮」（し）（クチナシ）があげられていることを引用し、昔の中国でもクチナシの黄色い色素は重要な塗料であったと述べている。また、クチナシの厚手の花びらは中国でも日本でも食用にするとのことである。

クチナシの花を買い求める中国・雲南省の人びと

クチナシの花の観賞が行われるようになったのはかなり遅く、中国では明の時代で、日本では江戸時代からという。ヨーロッパにクチナシが知られるようになるのは十八世紀以降となる。日本で最近栽培されるようになった八重咲きの品種は実を結ばない。

十一、毒に要注意！都会の紅白花——キョウチクトウとツツジ

1 過酷な都市環境に生きるキョウチクトウ

紅白の二色を目出度い色と考える日本人は、樹木の花も紅白二色を並べて植え、目出度く縁起がよいとする。真夏に咲く紅白花の代表がキョウチクトウとサルスベリであろう。

多数の人びとが密集して生活しそして商業や工業が発達し、文化施設も数多く設置されているにぎやかな都会がさらに広がり、大規模となった大都市の環境は、乾燥しがちな気象、立ちこめるほこり、行き交う自動車の排気ガス等々、植物の生育環境としては厳しいものがある。ひところ「東京砂漠」という呼び方がされたことがあるが、まさに砂漠に等しいことを如実に示している。このような過酷な都市環境にもかかわらず、一年中緑の葉を保ち、日本中が沸き立つ高校野球がクライマックスを迎える真夏

の時期に、強烈な太陽が照りつける下でもひるむことなく若枝の先に鮮やかな明るい桃色の花を咲かす樹木。それがキョウチクトウである。キョウチクトウは、キョウチトウ科の常緑低木で高さは三〜五メートルに生長し、よく枝分かれする。キョウチクトウという和名は、葉っぱが竹の葉のように長く狭く、花が桃の花のように桃色であるところから付けられた。

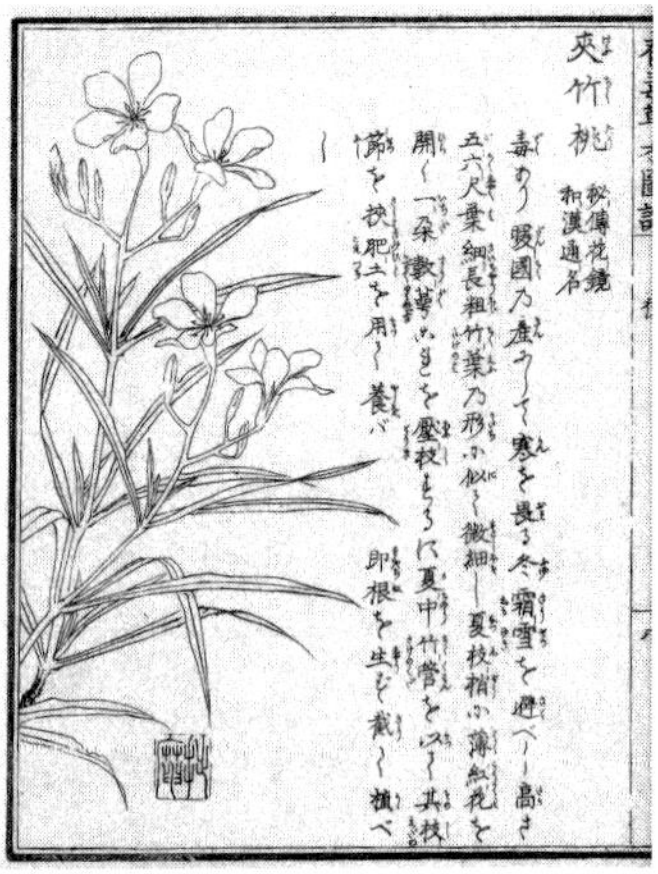

キョウチクトウの原産地はインド北部の砂漠状の河原で、日本へは江戸時代の享保九（一七二四）年に中国を経由して伝わってきた。原産地では乾燥、舞い上がるほこり、洪水、猛暑、吹きすさぶ寒風という過酷な生育環境で鍛えられていたので、現在の日本の大都市における植物の生育環境としては劣悪ななかでも十分に耐えることができた。何日も雨が降らず地面が乾燥してきても誰も水をやろうとしない工場の敷地や公園に、あるいは高速自動車道の路側の生垣としてよく植えられている。

筆者の住んでいる大阪府枚方（ひらかた）市は、人口こそ四〇万人を超し、中核都市に指定されているが、繁華な商店街となっている部分はごくわずかで、田園都市ともいえる。大阪や京都市のベッドタウンである。

江戸時代に毒木として取り上げられたキョウチクトウ（『有毒草木図説』文政10年）

枚方市域では工場敷地や住宅地内の小公園に植えられているキョウチクトウが見られる。町名の池之宮は工場用地と住宅用地が混在するところで、筆者宅の近所には鉄線を製造する工場がある。キョウチクトウはその鉄線製造工場の敷地のなかで、大阪府道と枚方市道に面した部分に工場敷地緑化樹として植えられ、道路を走るトラック、バス、乗用車などのほこりや排気ガスを浴びながら、夏期には桃色の花を咲かせている。筆者が通りかかったのは八月中旬。晴天で三五度の猛暑日が一週間続いて地面はからからに乾燥していたが、工場の人が生垣に水やりをする気配など全く感じられなかった。高さは道路から三メートルくらいもあり、緑の葉と地面近くから梢まで咲いたピンクの花が美しく調和し、見事な生垣となっていた。株立ちの一株ずつのキョウチクトウの花盛りも綺麗だが、生垣として列植えで揃えられたものも、夏の日盛りに負けず花を咲かせている姿は思わず見とれてしまうくらいの美しさであった。さらに日照りによる土地の乾燥、横を通り過ぎる沢山の自動車がたえず排出する排ガスやほこりという劣悪な生育環境にもへこたれ

高速道路沿いに植えられた紅白のキョウチクトウ

ず、時期になれば美しく花をつけるという環境への順応性をもっているキョウチクトウの生命力に感心したものであった。

また住宅街の一角に設けられた通称「西公園」というブランコが一つの一〇〇平方メートルくらいの小公園にキンモクセイやデイゴなどとともに公園樹として植栽されている。鉄線工場のキョウチクトウも西公園のキョウチクトウも桃色であるが品種改良が行われ白花のシロバナキョウチクトウや八重咲きもある。最近ではピンク色の花よりもまっ白い花を咲かせる方の品種が気品があるとして人気が出ているという。

さて、ここまで述べたようにキョウチクトウは、緑化樹、公園樹、あるいは庭木として人と触れやすい場所に植栽されているが、実は毒木の一種で、花、葉、枝、幹、根という樹木全体に毒があることを知っている人は数少ない。しかも「フグの毒よりキョウチクトウ」といわれるほど強い毒性をもっている。経口毒性でその毒は強い。『毒草大百科』（奥井真司著）によれば、キョウチクトウのもつ毒は、オレアンドリン、アディネリン、ギトキシゲンであり、葉っぱに強い成分が含まれている。同書は人間の致死量は体重一キログラムに対して〇・二〇ミリグラムとしている。そして、九十六才の女性が四グラムのキョウチクトウを食べて自殺した事例のあることを記している。あわせて、過去にキョウチクトウを箸の代わりに使って中毒死した者のいることも記している。

フランスではバーベキューの際、串の代わりにキョウチクトウの生枝を使って肉を焼いて食べたところ、一二人中七人が死亡するという中毒事件が報告されている。千葉県ではキョウチクトウの葉の混じった飼料を食べた牛二〇頭のうち九頭が死亡したという。

歴史上の事例では、十字軍のインド遠征で、アレキサンダー王の隊が西アジアで休んだときに兵士たちが仔牛を丸焼きにして食べた。その際、仔牛を串刺しにする材料にキョウチクトウの木を使ったため、大勢の兵士が中毒死したという話は有名である。キョウチクトウの幹は枝が少ないので、串刺し材料として手頃と見られたのであろう。仔牛が火であぶられ、キョウチクトウの毒樹液が十分に肉にしみ込んだのである。

キョウチクトウの毒は生木だけでなく、生木を燃やしたときに出る煙にも有毒成分があることがわかっている。また、葉っぱを腐葉土にする際には注意が必要である。

乾燥させて燃やすか、一気に燃やすと毒性のある煙は出ない。とはいっても、自宅の焼却炉では不完全燃焼となりやすいので、燃やすことはしないほうがいいだろう。またキョウチクトウを剪定したら、自治体に落とした枝葉の処理方法について問い合わせることが大切である。

高速自動車道の路側の生垣や工場敷地の緑化樹ではさほど危険性は感じられないが、路側近くで大型トラックやバスの衝突による車両火災が発生し、近くのキョウチクトウの生垣に燃え移った場合には毒煙が発生することが予測され、運転手やバスの乗客、消火にきた消防士たちが危険な目に遭わないとも限らない。車両が大型化し、時速一〇〇キロを超えるスピードで多数の自動車が行き交う高速自動車道では思いもかけない事故が起っている。杞憂であってほしいと願う。

また公園には保護者に連れられて幼児も訪れるが、特に、繁った枝を剪定した後の切口から出ている白い汁を甘いものだと勘違いし幼児が口に入れることがないよう、公園管理者はキョウチクトウの白い汁には毒があり、致死の危険があることを知らせ、保護者に注意を喚起する措置をしておく必要性がある。

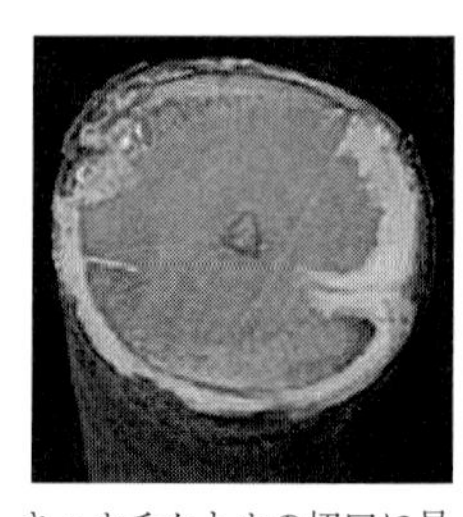
キョウチクトウの切口に見られる毒性の強い白い汁

キョウチクトウの花言葉は危険、注意、用心、油断である。毒をもつ樹木であるが挿し木で増殖できるし、排気ガスや乾燥に強く、害虫に葉を食われないという栽培の容易さによって街中の庭木や街路樹として多く植えられる。鹿児島市、千葉市、広島市などでは「市の花」と指定されている。特に広島市では、制定の理由を「キョウチクトウは原爆により七五年間草木も生えないといわれた焦土にいち早く咲いた花で、当時復興に懸命の努力をしていた市民に希望と力を与えてくれた」と紹介している。

六月から九月の夏期に花を咲かせるので、俳句では夏の季語とされている。

病人に夾竹桃の赤きこと　高浜虚子
夾竹桃か丶る真昼もひとうまる　篠田悌一郎
夾竹桃戦車は青き油こぼす　中村草田男
夾竹桃機関車老ひて捨てらるる　山本朱鷺男
夾竹桃自転車押してゆく父子　森山節子
手術了ふ此岸の朝の夾竹桃　市川豊喜治
本を置く白い夾竹桃の揺れ　中河原　洋
夾竹桃母校に古りし作法室　木田岸子
夾竹桃身の裡の鬼なにで消す　桝隅俊美
夾竹桃空は過ぎゆくものばかり　錦織光江
同姓の多き一族夾竹桃　倉橋尚子
夾竹桃疲れを隠しきれぬ街　坂本まりこ
礫死者に夾竹桃逃げかくれせぬ　五十嵐研三

◉毒のない紅白花・サルスベリ

余談であるが、キョウチクトウと同じ時期に樹皮がすべすべしたサルスベリも花を開く。キョウチクトウと異なりこちらには毒の心配はない。

サルスベリはミソハギ科サルスベリ属の落葉の中高木で中国南部長江流域が原産、日本には江戸時代に渡来したといわれている。樹高は二〜一〇メートルになり、花びらの縮れた小さな花が穂のようにまとまって咲き、七月〜十月までおそよ百日間咲いて楽しませてくれるところから百日紅（ひゃくじつこう）との別名がある。樹皮が白くなめらかな手触りであるので猿も滑ってしまうと考えられ、サルスベリと名付けられたという。花の色にはピンク（紅）、白、濃い紅紫、紫のものがある。桜井元の『やぶれがさ草木抄』には「わが家の近くに白花と紅花の二株を門内に植えた屋敷があって、真夏、この紅白二株の花盛りの頃は、花が道もせに散り敷く。まるでお節句の雛あられをぶちまけたように見えて美しい」と記している。

サルスベリの街路樹（東京都調布市）

サルスベリの中国名は紫薇（しび）が標準名となっているが、これは唐代長安の紫微（宮中）に多く植えられたところからきているという。原産地は中国の暖かい地方だというのに、日本では四国、九州、近畿、東海はもとより東北地方でも見られる。桜井は信州で大木に育っているのを見たという。また中国でも樹皮のない木と考えて無皮樹という呼び名もある。さらに人が手の爪でこの木の肌をかくと、かゆがって木のてっぺんまでゆれ動くとして、怕（は）（こわがる）痒（よう）（かゆい）樹とも呼ばれる。日本各地に植えられているため地方名も多い。サルナメシ、サタメシ、サンダメシ、ハタガキ、ハタカノキ、サルタ、エンタ、カゼオシミなどがある。また開花が長いため千日紅という名さえある。

サルスベリの花（右）とすべすべした樹皮（左）

2　高原の花から定番庭木へ　ツツジ

都会はもちろんのこと、郊外の農山村でも花の美しさを賞でる庭木の定番の一つにツツジがある。ツツジは日本人であればほとんどの人が知っていると答えるであろう樹木である。草とも見られる姿をしているので、木だと思わない人もいるかもしれない。自然の種だけでも、ツツジ科ツツジ属には八〇〇種以上あるといわれるから、仕訳けも大変である。それに江戸時代にツツジの大ブームが起こったことがあり、このときの品種改良でおびただしい数の栽培品種が生まれた。染井の植木屋・伊藤伊兵衛が著した『錦繍枕』（元禄五（一六九二）年）には、三三五種ものツツジとサツキが記録されており、花の解説、栽培法などが図版とともに丁寧に紹介されている。当時のツツジ愛好熱の高さが推し量れよう。伊兵衛は出入りしていた藤堂家の下屋敷で不要になった「きり島つつじ」などの花木を自

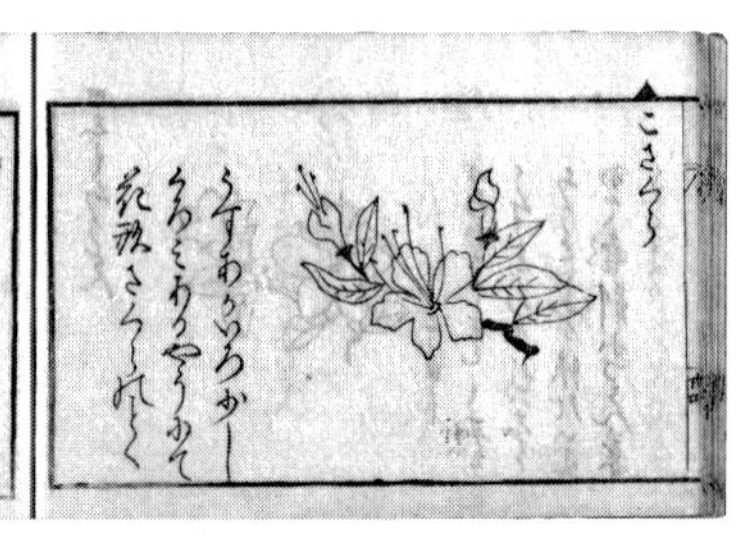
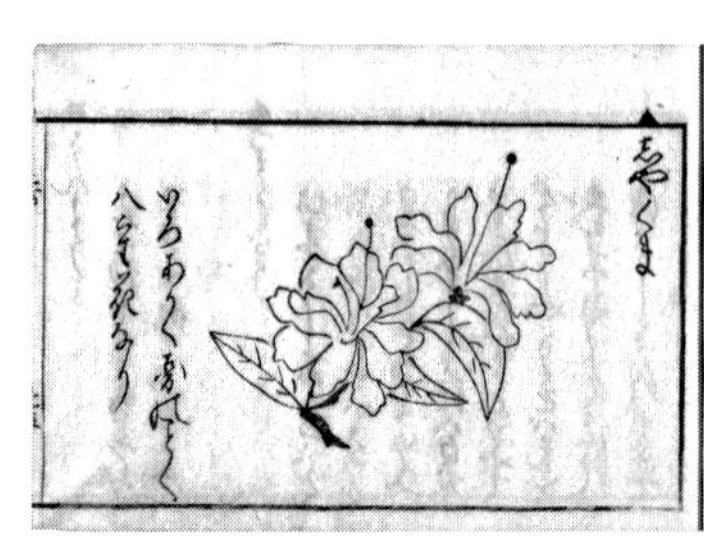

江戸前期の伊藤伊兵衛著『錦繍枕』（元禄５年）には300種以上のツツジ・サツキが記録されている。

らの庭に移植し、さらに接ぎ木や挿し木で殖やして多くの花や樹木を所有するに至ったという。『錦繍枕』でサツキの三名花とされた「まつしま」「さつまくれない」をはじめ、「ざい」「みねの雪」「高砂」など現在に伝えられているものもいくつかあるが、この時代の品種の大半は消失してしまった。時を経て、明治の末頃になると再びサツキを中心とするツツジが流行しはじめ、この流れが現代へと続いている。

紅白の花を次々と咲かせる縁起木の一種として知られるツツジ類はよく植栽され、孫娘が保育園児のとき、近くのマンションの庭に植えられているサツキツツジで蜜の吸い方を教えたところ、甘くて美味しかったのであろう、次から次へと花を取って一株のツツジの花があやうく全滅しそうになり慌てたことがあった。京都市東山の麓にある蹴上（けあげ）上水道の構内には、クルメツツジなどたくさんの種類が植えられ、花の時期には一種の名所となって京都市民の目を楽しませている。世界遺産の一つ南禅寺の南側に隣り合わせているので、外国からの来訪者も数多

多くの人で賑わう東京・根津神社のつつじ祭り

い。

庭木として栽培されている自然種のツツジには、ヤマツツジ、キリシマツツジ、サツキツツジ、キシツツジ、レンゲツツジ、ドウダンツツジ、サラサドウダンツツジなどがある。ツツジの花はロート状の花の底に蜜があるので、花をつまんで引っぱり、ロートの底に溜っている蜜を子供たちはよく吸っている。サツキやクルメツツジ等は何事もないが、レンゲツツジは毒をもっているので注意が必要だ。レンゲツツジの「レンゲ」は「蓮華」のことで蓮（はす）の花のことである。レンゲツツジには蜜はもちろん、花びらや葉、根に至るまでグラヤノトキシン、ロドジャポニンと呼ばれる毒を含んでいる。この毒は神経に作用するれん毒で、主な症状は嘔吐、けいれん、ふらつき、知覚過敏、歩行困難、まひ、起立不能、不整脈、呼吸困難である。

レンゲツツジの花は六月下旬ごろで、葉が開く前かあるいは同時に開く。朱紅色であるが、中に花色の黄色のものがある。こちらはキレンゲツツジと呼ぶ。日当たりのよい草原や湿原、明るい二次林の中に生育している。花が美しいので毒花を開いてもツツジの仲間の一つとして、庭木のほか公園や公共施設のちょっとした空地にしばしば植えられているが、関東地方の都会では生育がよくない。

レンゲツツジは北海道西南部、本州、四国、九州に分布し、中国地方には自生しない。多くは群落をつくる。富士山の吉田口登山道路左右一帯の区域には、レンゲツツジとフジザクラの混生群落が広がり、

長野県乗鞍高原のレンゲツツジ群生地

鳥居清長『江都花十景 日暮里』大英博物館
当時霧島躑躅の名所であった日暮里・修性院妙隆寺の境内と思われる。

葛飾北斎『ほととぎす、さつき』大英博物館

国指定の天然記念物として保護されている。本州では長野県、群馬県の県境の山地に多い。長野県と群馬県境近くの浅間山の西側に位置する湯の丸高原、高峰高原、篭ノ登山(かごのとやま)など、湯ノ丸山(二一〇〇メートル)の東側の山麓一帯はレンゲツツジが多く群生することで有名。レンゲツツジの葉には毒があるので家畜は食べ残す。そのため放牧地で見られる唯一の灌木(低木)となる。かつて大牧場であった湯の丸高原のレンゲツツジは次第にその数を増やし、六〇万株ともいわれる群落を形成するに至り、昭和三十一年国の特別天然記念物に指定された。例年は六月下旬から七月中旬が見頃となる。

レンゲツツジの方言に、オニツツジ、イヌツツジ、ウマツツジ、ベコツツジ、ドクツツジ、ヤウカバナ、ジゴクツツジ、オゴソツツジ、イハツツジ、キツネツツジ、マメガラツツジ、ヒジツツジ、イモリノナキバナ、ヒャクタロツツジ、アカレンゲ、ベニレンゲなどがある。方言の「ウマツツジ、ベコツツジ、ヒジツツジ」などは、毒の木なのでこれらの家畜が食べないため牧場に沢山茂っているところからの名と思われる。ベコツツジの「ベコ」とは牛の方言である。イモリノナキバナという珍らしい名前について上原敬二は『樹木大図説』で、この花の盛りの頃は温泉地の浴客が減少する。温泉地にはしばしばこの群落を見る。よって「湯守の泣花」といったのが、方言でイモリのナキバナと変じたのである、と解説している。

十二、神に捧げられる「冬青」の木――ソヨゴ

常緑広葉樹の低木にソヨゴという名前の樹木がある。クリスマスに飾るセイヨウヒイラギと同じモチノキ科の樹木で、果実は赤く熟すが密生することはなくまばらについている、雌雄異株。長い柄の先に赤い実をつける様子が美しく、庭木としても人気がある。ソヨゴは葉が風にそよぐときすれあって特徴的な音を出すことからの名前だといわれている。日本では本州中部以西、四国、九州、また台湾、中国に分布する。本州の北限は新潟県と宮城県で、山地によく見られる。常緑樹のなかでは寒さに強い樹木で、富士山周辺や長野県の標高六〇〇～八〇〇メートルの他の常緑樹が生育できないようなところまで分布している。岐阜県飛騨地方や中国山地の山陽と山陰をわける県境あたりの高標高にも見られ、これらの地域ではたった一つの常緑広葉樹となっている。アカマツ林に生えていることが多く、近年の松枯れで松が倒れたり、立ち枯れして松葉が全部落ちたことで、明るくなってソヨゴも生長しやすくなり、各地

の荒れたアカマツ林でも見ることができるようになった。

葉の表面は深緑でなめらか、縁はなめらかで波打っているという特徴がある。一～二センチのやや長い葉柄があり、卵状楕円形、やや革質、光沢があって、のっぺりした外見をしている。別にフクラシバ（福良柴、またはフクラシ）と呼ばれ、縁起のよい木となっているが、フクラシバの「フク」は、葉っぱを焚き火などで加熱すると、葉の内部で気化した水蒸気が革質のため出ることができず、葉は音をたてて膨らみ破裂するところから名付けられた。フクラシの「フク」は「福」のフクであって欲しいのだが、残念ながら「膨らむ」の「フク」であり、「福」は誤用である。


ソヨゴの漢字表記は「冬青」である。常緑広葉樹だから、雪が降り、霜ができる寒い冬になっても葉は青（緑）のままで「冬でも青い」として名付けたことは容易に想像できる。木の文化をもつ日本人が親しみ、あらゆる用途に使ってきた常緑樹では、針葉樹にマツ、スギ、ヒノキがあり、広葉樹にはクスノキ、シキミ、サカキ等がある。これらの木の漢字表記は松、杉、桧、楠、樒（梻）、榊という一字である。ソヨゴの「冬青」は、まるで常緑樹を代表するかのような表記となっている。

ソヨゴを「冬青」と表記することについて、漢字研究者の円満寺二郎は「十二月、寒さの中の楽しみ」（雑誌『図書』二〇一八年十二月号、岩波書店）のなかで次のように記している。

上＝赤い実をつけたソヨゴ
左・上から＝赤みを帯びた新葉、雌花、雄花
下＝ソヨゴは生長が遅く、手間があまりかからないため、住宅の周りに植えられることが多い。

……とはいえ、常緑樹なんていくらでもあります。その中でどうしてソヨゴが代表なのでしょうか？　庭木として植えられることもありますが、正直、それほどメジャーではないですよね？　『広辞苑』には「葉は厚く、光沢がある」とありますが、それはモチノキ科に共通する特徴。イラストを見ると小さな花や実が、なかなかかわいらしいのも確か。ほかにも、「材は器具に用い、葉を褐色の染料とする。樹皮から鳥黐(とりもち)を採る」と、いいところがあるようですが、マツやスギ、カシといったそうそうたる面々を差し置いて代表に選ばれるほどの実力の持ち主とは思えません。ソヨゴの何がいいんだろう？　とあれやこれや悩んでいるうちに、こんなことを考えました。漢字の神様は、「松」、「杉」、「樫」などメジャーな植物には漢字一文字で書き表わされる名前を与えました。ソヨゴは残念ながらその選にもれました。だからこそ「冬青」という立派な二文字をゲットできた。残りものには福があるって、本当なんですね！

　ソヨゴはサカキが生育できない寒い地方ではほとんど唯一の常緑樹で、それに香りを発しないこともあり、日本の神は香を嫌われるためサカキの代用として使われている。長野県松本平周辺の神社ではソヨゴが使われることが多いという。信州大学・島野光司の「信州の自然と神社」というインターネット記事には東筑摩郡麻績(おみ)村の麻績神明宮の本殿の前に紙垂(しで)をつけたソヨゴが供えられた写真が添えられている。長野県伊那谷にはサカキがないので、昔からソヨゴを「サカキ」と呼んで神事の玉串(たまぐし)用に用いている。

　岐阜県中津川市の旧山口村など長野県木曽谷地方では、正月の松飾りに松といっしょにソヨゴの赤実のものを選んで、山から迎えてきて飾る。松だけ飾る家とソヨゴを添えて飾る家の割合は旧山口村では六対四ぐらいだという。長野県諏訪大社の神事に使われるソヨゴについて、総代会議長や宮司など三〇名が、その苗木を茅野市の前宮に一八〇本、本宮（諏訪市）に二〇本、それぞれ境内に植えたと、長野日報は平成二十八年五月に記事にしている。

　筆者の生家は、岡山県の北東部に位置する美作台地と呼ばれる低い丘陵の松山地帯の農家である。小学校の高学年の頃、正月二日の早朝「伐り初め（きぞめ）」といって持山に入り、松とフクラシを一本ずつ伐って担いで帰り、浅い谷間にある毎年苗代を作る田まで運び、田の神に供えた。当時はなぜ松とフクラシなのかわからなかったし、父親の代わりとなっていた兄も教えてくれなかったけれど、いま考えると田の神の恵みによる「福を待つ（松）」ということを意味していたのであろう。

　ソヨゴの白い小さな花から採れる蜂蜜は、ハーブのような爽快感があるといい、岐阜県、広島県などソヨゴの自生が多い地域の養蜂場では重要な蜜源植物となっている。

山口県・笠山の椿群生林の落椿

江戸前期に丹波城山城主・松平忠国が収集した椿を描かせたものと伝わる『百椿図絵巻』の一部（根津美術館）

十三、早春に輝く神木──椿

都会に植えられている樹木の中で早春に大きな赤い花を咲かすものにツバキがある。春が来たことを告げる木の花の一つであり、漢字表記では木偏に春を添わせて「椿」とする。ツバキはツバキ科ツバキ属の日本に自生している常緑広葉樹の一種で、庭木としてふつうに植えられており暖地では広く山野に高木として野生状態で生育しているものもある。ツバキは通常高さ五〜六メートル、高いものでは一八メートルに達し、胸の高さでの幹の太さが径五〇センチに達するものもある。ツバキの名は古代の日本語である。ツバキ科の植物は熱帯、亜熱帯に分布するが少数のものが暖温帯や温帯に入っている。ツバキは植物としてはかなり原始的な科に属すると考えられている。そのためかなりの太さの木でも挿し木にして栄養繁殖することができる。日本のツバキにはヤブツバキとユキツバキという二つの野生亜種（別種とする見解もある）があり、ユキバタツバキはツバキとユキツバキの中間型をいう。ヤブツバキの生育地は主として夏に降水量が多く冬に少ない太平洋側の地域であり、ユキツバキは冬に雪としての降水量が多く夏は少ない日本海側の山地である。ヤブツバキは日本の南部、沖縄から九州四国、中国地方に一般に生育しており近畿地方では北の地方では少なくなり、中部地方や関東地方では海岸寄りに多く内陸に入るにしたがって個体数は少なくなり、全く自生しない地域もある。太平洋海岸では福島県以北では分布が断続していて、ついにはごく一部に少数の個体しか野生を見ることができなくなる。日本海側ではユキツバキが分布する近畿地方北部の海岸の雪の少ないところでヤブツバキはうすく分布しており、北に向かうほど分布が断続していて、ついにはごく一部に少数の個体しか野生を見ることができなくなる。ヤブツバキは海岸寄りの暖かい地方を住処とする樹木である。林弥栄の『有用樹木図説　林木編』のヤブツバキ分布図によれば、中部以北の内陸部ではおおよそ北緯三六度以北の諸県でヤブツバキ空白地帯となっている。

ユキツバキは日本海側の秋田県から滋賀県北部までの日本の中央部をやや日本海側寄りに南北に走っている脊梁（せきりょう）山脈の日本海側の低山帯の豪雪地帯に限られている。ユキツバキは冬季の積雪期の四～五カ月の間重い雪のため地面に圧しつけられているが、雪に覆われているため温度は零度より下がることはない。雪解けとともに枝葉ははね起きて花を開く。夏はブナのようによく枝葉が繁茂する樹下で生育するため、光の量が少なくても生育できる仕組みをもっている。ユキツバキは冬の寒さを避けるために豪雪の山地を選択していたのである。ヤブツバキは中部以北では脊梁山脈に達していないが、ユキツバキは中部地方以北の日本海側では山脈の中腹の標高八〇〇メートルあたりまで上っている。中部地方の内陸部を海岸からたどると、ヤブツバキもユキツバキも分布しないツバキの空白地帯がある。暖地性のツバキ属の先祖が分布の北の端である日本において冬期の降雪という異なった環境の場所に棲み分けて適応し、それぞれ定着したと考えられている。

ツバキが日本で分布する地域は暖温帯で高木層をシイ類、タブノキ、カシ類が優先する常緑広葉樹林をつくる。温帯にもってくると温室に入れなければ枯れる。

ツバキが中国へ渡ったのは推古天皇時代の西暦六〇七年（日本側の記録）にはじまった遣隋使や遣唐使によって椿油や種子が運ばれた。隋・唐以来中国でも観賞用として栽培された。中国ではツバキの別名として「耐冬（たいとう）」がある。これは中国に自生するツバキ科のツバキ、サザンカ、チャ（茶）という三種類の樹木の花が冬の寒さに耐えて咲くことを賞めたもので、中国では特に茶が大切

中国·明代の図解書『三才図会』より「山茶」

にされている。ツバキのことは「山茶（さんちゃ）」と呼ぶのだが、つまり山に生えている茶の木の仲間という意味で、山茶という言葉は飯倉照平の『中国の花物語』によると、唐代頃に現れはじめ、これに続く宋代あたりからしばしば使われるようになった。ツバキは実生の苗から花を咲かすまでには相当長い年月が必要である。十九世紀中頃にはヨーロッパで「冬のバラ」と呼ばれ、冬に咲く赤い花として観賞のため栽培することが大流行し、実生によって多くの品種が生まれた。

ツバキは日蔭でも生育できる陰樹で生長は遅く長寿である。よく枝分かれして茂る。葉の表面は濃緑色で光沢があり、裏面は淡緑色で幼時にあった白色の長状毛が落ちた跡にコルク質の小いぼが残る。花は十一～十二月または二～四月に咲き、花蕾（からい）は枝先の冬芽（とうが）の最下すなわち第一鱗片（りんぺん）の葉腋（ようえき）に無柄（むへい）ででき、一つの芽にふつう一個まれに二～三個つく。花柄は長さ五ミリばかり頂部は太く多数の萼苞片（がくほうへん）が瓦（かわら）重ねに配列する。花は広い筒形または先が反り返り、径五～七センチ、小さいものは径三・五～四センチ。花片が瓦重ね状に並び、しばしば萼苞片との中間型の小型花片を伴い、厚質で先端は凹入基部は細まって厚くなり互いに合着して筒部をつくる。筒部の底に蜜液が分泌し、これが小鳥類や昆虫を誘う。ツバキの花は早春から四月頃にかけて咲き継ぎ花全体が地に音をたてて落ちるのが特色で、この様子を「落椿（おちつばき）」と表現し俳句では春の季語としている。ツバキの花は付け根からポトリと落ちるので、武士は首が落ちる花だとして嫌い、縁起の悪い木の一つとしていた。昔気質の人はいまも縁起でもない花だといって庭に植えない。

落椿流れに乗せてやりにけり　橋本ふさ子
椿落つそのあとさきは何もなし　松本修一
かたき水打ちて椿の落ちにける　増田月苑
柔らかく寄せて小山に落椿　新井登志
海展けきて椿山ざわざわす　染谷多賀子
薮椿海の陽を見て咲きにけり　木田のり子
拝聴す石の哲学薮椿　井川淑美
伝説の途中真赤な椿落つ　大盛和美
これ以上落ちる椿は見捨てけり　中山登美恵
踏んで行く行者もありぬ落椿　有元洋剛
禅林の実相として椿落つ　竹中碧水史
落椿ひろえばほのとたなごごろ　坂野宜枝

先にも述べたが、ツバキの花が咲くと花筒の中には大量の蜜がたまる。この蜜を昆虫やメジロなどの小鳥が吸いにくる。頭に花粉がつくので別の花に頭を入れたとき、その花の柱頭に前の花の花粉がつく。ツバキは虫媒花ならびに鳥媒花である。ツバキの花は横向きに咲いている。上向きだと小鳥は頭を入れにくいし雨が降ると蜜がうすくなる。ツバキの花弁は合成しているので、多くは一体となって落ちるが、花弁がばらばらになって落ちる散椿（ちりつばき）と呼ばれるものもある。

ツバキの本来の花期は三～四月である。一重花のものが一般に早く、八重のものは遅く、最後に花の大きな八重のものが咲く。ツバキは温室で栽培すると一～二月にはほとんど咲いてしまう。南北に細長い日本のツバキの花は気温の上昇にともなって南から北へと花前線となって咲き上がっていく。開花日は南と北では大きな差があり、青森県に達するのは四月下旬頃である。開花するときの最低気温は二～四度であるが、長野県で最も低くてマイナス二度となっている。ツバキの自生北限地は青森県と秋田県の二カ所が天然記念物として大正十一（一九二二）年十月十二日に指定されている。当時はユキツバキが発見されていなかったので、ツバキはヤブツバキを指していた。青森県のものは青森県東津軽郡平内村（現・平内町）東田沢の椿山神社の境内一帯の椿山である。椿山は海抜五～一〇〇メートルの丘陵で、ヤブツバキ群生地は山林の海岸に面した傾斜地で面積は一七ヘクタールあり全株一万数千本といわれ、大きなものでは目通り幹周囲二メートル（換算直径六四センチ）高さは六メートル内外であり、林全体の樹高は比較的低い。毎年五月上旬〜中旬に開花する。椿山のヤブツバキは天然分布とみられているが、異説もあり、柳田国男は民俗学の立場から東北のツバキは移住者やあるいは盲目のイタコと呼ばれる女信者によって実や枝が運ばれて根付き広がったものではないかと異論をとなえている。

江戸後期にこの地を訪れた菅江真澄（すがえますみ）もこの論を裏付けるような話を『津軽の奥』に記している。彼は椿山へは夏泊（なつどまり）半島の東側を南から北へとたどったのであるが、そのときの挿話である。穴沢という崖に椿が一本咲いていた。昔ほかの浦の人が椿を椿崎（現在の椿山のこと）から盗んでここまで来たところ海が急に荒れて風雨が激しくなってきたので、下草を拾っても祟りをなさる神（椿明神）ゆえ椿を惜しんでのことと思い、その実をどこへ植えようかと怖ろしくなって、ここに捨てたのが生い茂ったのである。枝葉でさえもとの友を慕うのか、椿崎の方向にばかり伏しなびいていた。このような例があるので、一枝さえ折る人もないのだと、道を行く人はこの椿を見

ヤブツバキの自生北限地である青森県・椿山。強い海風の影響で曲がりくねったものもある。右は陸奥湾に沿う椿山海岸から望んだ椿山。

ながら通っていった。

同書にある椿明神社にまつわる伝説である。

神社の縁起は、文治の初め頃（一一八五年頃）とかいう。この浦に美しい娘がいた。他国の船頭で毎年来てこの浦口から宮木を伐り積んでいく男と契り、末は夫婦になろうとなれ親しんでいた。その船頭が帰国する折に娘が言った。「都の人はいつも椿の油というものを塗って、髪の色も清らかにつやつやと光り、椿の葉のようにつやがあると聞いている。こんな賤しい漁師の娘でも、櫛をとるとき、少し塗ってみたい。わたしにふさわしいものならば、来年のみやげに椿の実を持ってきてください。絞って塗りましょう」と名残りを惜しみ泣いて別れた。年が明けると、この船頭が来るのを一月から十二月まで待ち続けたが、願いはむなしく船は来なかったので、次の年も春から一年待ちこがれた。娘はこの男はほかの女に心をひかれたのではないかと約束をそむいた男を深く恨んで海に入って死んでしまった。その娘の死体が波に寄せられてきたのを浦人たちは悲しみ、横峰というところに埋めて塚のしるしに木を植えて亡きあとを弔った。ちょうどその時かの船頭が三年を経てここに漕ぎつけ「やむを得ない仕事に従っていて、二、三年も航海することができなかったが、このたびやって参りました。かの娘は無事でしょうか」と尋ねた。浦人がしかじかと事情を話すのを聞いて船頭は「これは本当だろうか、どうしよう」と、倒れんばかりに嘆き悲しみ、血の涙を流して泣いていたが、今はなんの甲斐もない。せめてその塚に詣でようと横峰に登っていって、苔の上に額をあてて生きている人にものを言うように後悔の言葉をいくたびも告げ、持ってきた椿の実を塚の周りにまいた。「今は苔の下に朽ちてしまう黒髪に、どんなにこの油を塗ってもつややかになろうか、なるはずはない」とただ大いに泣いて、やがて船を漕ぎ去っていった。その椿が残りなく生い出でて株となり、ことに見事に花の咲いた枝を人が折りとると、清らかな女があらわれてこの花を折ってはいけないとひどく惜んだので、漁師も山仕事をする者もみな怖れて女の亡き霊を祀ったのであるという。

ツバキにはたくさんの園芸品種があるので花の大きさの基準が作られ、花の内径によって次のように五種類に分類されている。

極小輪　四センチ以下
小輪　四〜七センチ
中輪　七〜一〇センチ
大輪　一〇〜一三センチ

またツバキには花形による区別の仕方がある。野生のツバキや、同じツバキ科のサザンカの花弁数は五〜六枚前後であるが、園芸上では八枚までを一重という。ツバキの花はもともと八重化しやすい性質をもっているので花弁数が増えるほか多数ある雄しべもまた変化しやすい。

しかもこれらの変化は花芽ができる六月から秋、春の開花に至る長期間にわたって気候や土壌、水分などの諸条件に影響される。品種によって花形が一定せず一株に咲く花でも多様な変化が起きている。

［一重咲きの咲き方］　猪口咲き（侘助咲き）　筒咲き
　抱え咲き　ラッパ咲き　平開咲き　椀咲き　盃状咲き
　（皿咲き）

［八重咲きの咲き方］　蓮華咲き　唐子咲き　宝珠咲き
　牡丹咲き　獅子咲き　千重咲き

ツバキは平安京に遷都される以前には『記紀』や『万葉集』に「かたやまつばき」「つらつらつばき」「やまつばき」「やつをのつばき」等と形容されて花木（はなのき）として眺められてきた。

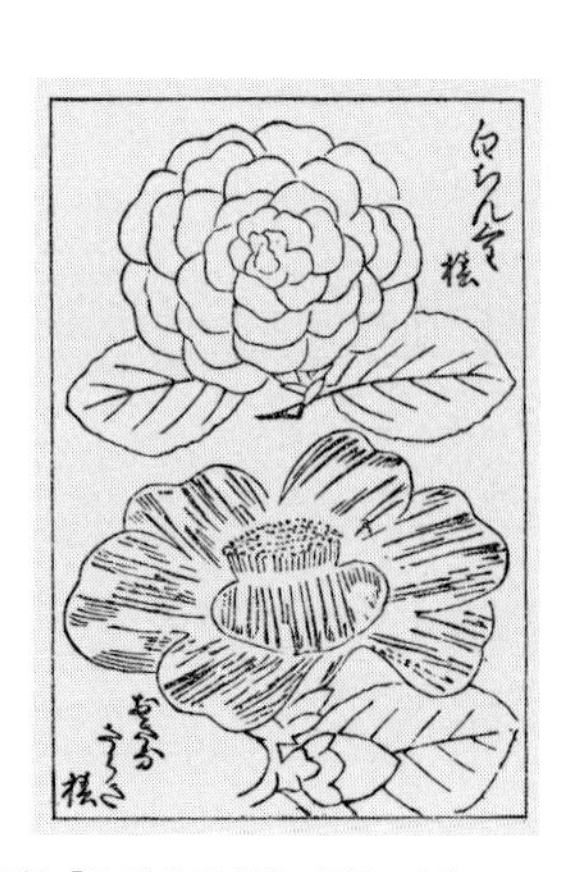

ツバキの園芸品種（伊藤伊兵衛『公益地錦抄』享保４年）

ところが不思議なことに平安時代約四〇〇年という長い年月の間、ツバキの花は好まれなかったのか、『源氏物語』や『枕草子』『土佐日記』『和泉式部日記』『紫式部日記』等の物語、随筆、日記類にはツバキにかかわる記述はまったくない。

ツバキの歌は平安時代の終わり頃成立した勅撰和歌集の『後拾遺和歌集』にようやく登場する。

君が代はしら玉椿八千代ともなにゝかそへん限なければ　式部大輔

今上天皇は白玉椿が八〇〇〇年と言われるけれども、何と数えてよいのだろうか、限りもないことだから、との意である。玉椿はツバキの美称である。ここの椿は奈良時代からツバキの漢字を借りてきた『荘子』の「上古大椿（だいちん）なるものあり。八千歳を以て春となし八千歳を以て秋となす」という大椿のことである。大昔には大椿という木があって八〇〇〇年を一区切りとする生長繁茂の春と秋がある。これが長い寿命であると、一般には解釈されている。昔の人は霊木、長寿木として大椿をあげたと考えたのである。ここから大椿の椿はわが国の椿と同じものだとみてツバキは聖なる木、長寿の木としたもので「玉椿の八千代」などと表現されるようになった。

江戸期の園芸の流行も社会の経済状況と密接な関連があった。園芸が衰退したのは佐渡一揆、若狭の年貢増徴反対一揆、佐倉騒動などのあった明暦期（一六五五～五八）、天明五（一七八五）年から同七（一七八七）年まで続く大飢饉、天保五（一八三四）年から同十（一八三九）年まで続く大飢饉と同五年の江戸大火などによる。このような時期は幕府の引き締めが加わり、園芸が逼塞（ひっそく）した。園芸は遊び事とみられていたからである。

幕末には近世中期以降における庶民生活への「いけばな」の普及を背景として「いけばな」のための園芸書として『剪花翁伝（せんかおうでん）』前編が嘉永四（一八五一）年に刊行、江戸、京、大坂の三都の書肆から出版された。この書はこれまでの園芸書とは異なり「いけばな」に用いる草花、樹木類に焦点を絞り、とくに生きた草木を用いる「いけばな」にとって最も大切な水上げ法をはじめとする保存技法について詳細な説明がなさ

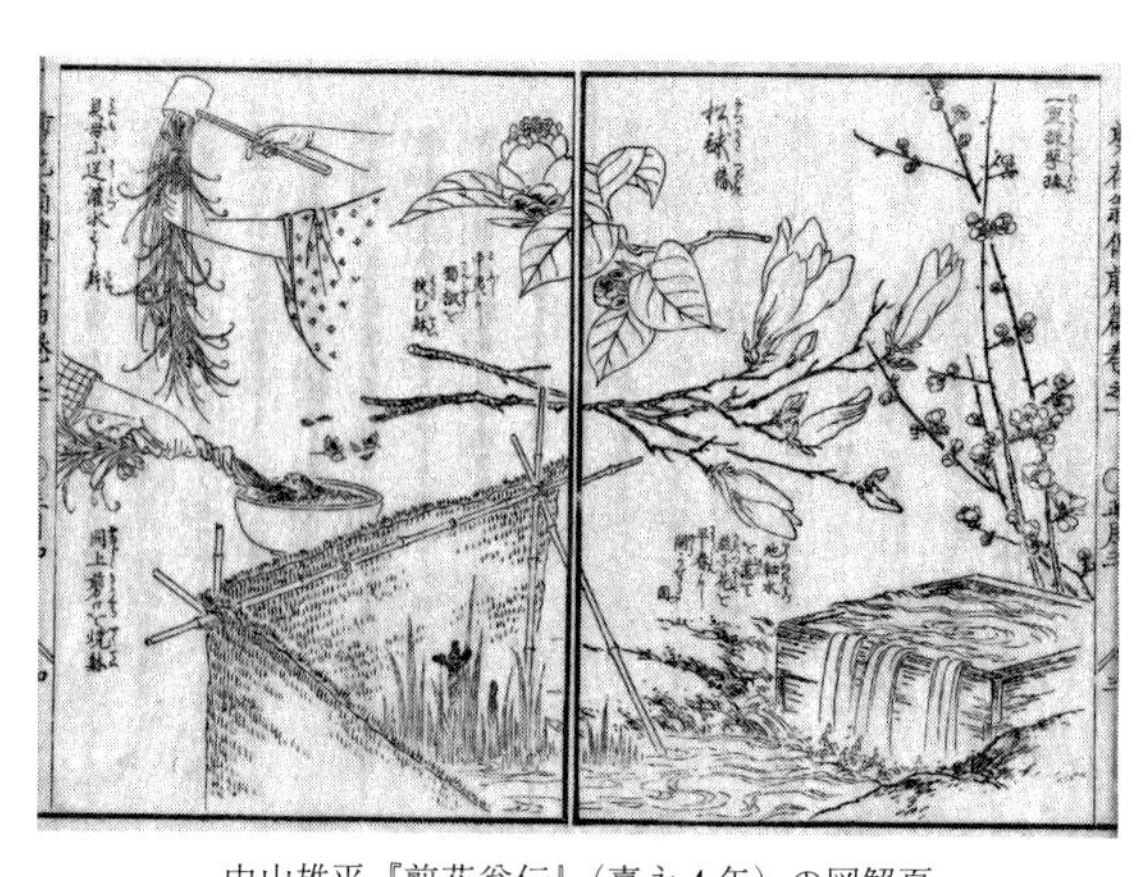
中山雄平『剪花翁伝』（嘉永４年）の図解頁

れている。
浪速（摂津大坂、現・大阪市）近辺では俗に「剪り出し」と呼ばれる者が六〇～七〇人もいて切り出した草花や花木を花市で売って家業としていた。草木の名称は剪花者たちと植木屋とでは呼び名が同じものもそうでないものもある。同じ草木でも集荷人の呼び名は少なく植木屋の呼び名は多い。『剪花翁伝』には梅、椿、桜、牡丹、芍薬、瞿麦、百合、菊などについて述べられているが、それぞれの種類の品種は数多いのでことごとく挙げることはできないとしている。さらに植木屋は大輪の花を好むが剪花者は規格外の大輪を好まずとして、「いけばな」に用いるものだけを掲げている。

この本は一年の一月から十二月までの月ごとに開花する花を記しているので、それぞれの月ごとに開花する椿の品種をここに抜き出す。

正月開花の部　豊後紋椿　卜奄椿　松毬椿　笹葉椿　物狂椿　玄奄椿　八重雨が下椿　八重一重椿

二月開花の部　角の倉椿　白角倉椿　熊谷椿　唐椿

八月開花の部　白露（椿）　初嵐（椿）　秋の山（椿）　せいひ大輪（椿）　たけなみ（椿）　両面（椿）

九月開花の部　物狂（椿）　わびすけ（椿）

十月開花の部　加島白　三色（椿）　腰簑　田辺わびすけ（椿）　八重一重（椿）

十一月開花の部　白芥子（しろげし）　新家白（しんけじろ）　天神紋（椿）　白角紛（しろすみまがい）
十二月開花の部　宰府（さいふ）　一重雨が下（椿）　小藤（こふじ）（椿）　赤芥子（あかげし）（椿）　われ角（すみ）

以上のように七カ月にわたって月ごとに開花する椿の品種三四種があげられている。

常緑広葉樹のツバキは他の樹木に比べて厚い葉をもち、黄色の花が多い春の花のなかでよく目立つ濃い紅色の大きな花をつける。そのため一般に神意の現れるものと信じられ、神聖な木として崇められ春を呼ぶ花として尊ばれてきた。伊豆の神津島では一月十四日に子どもたちが椿の花をとって神の祠に供えてまわる風習があった。祠前に赤い花がうず高く積まれると、それが春が来ることを思わせたという。椿の花が春の花だとすれば同時に春を告げる木でもあり、この木を大切にする風習として神木とする例も見られる。

神事のお祓いは暖地では榊（さかき）を使うのが常識だが、滋賀県大津市の日吉（ひえ）神社の正月祭には神饌を椿の葉に盛る神事が行われている。奈良県磯城（しき）郡川西町の六県（むつがた）神社の御田植祭のとき、稲苗の代わりとして植える模疑苗は椿の葉である。ツバキは早春の時期に咲く赤い花とともに、光沢に満ちた常緑の葉も活力の象徴として意識されていた。

縁結びや厄除けの信仰でツバキが神木とされている神社が多くある。その筆頭が出雲国（現・島根県）の八重垣神社である。八重垣神社は松江市にあり、祭神はスサノオノミコトとその妃クシイナダヒメノミコトである。『日本書紀』の神代においてスサノオノミコトはクシイナダヒメノミコトのために大岐大蛇を退治し、姫の両親の承諾を得て結婚した。当時は略奪結婚が行われていたが正式結婚の道を開いたのである。天神のスサノオノミコトと地神のクシイナダヒメノミコトという二柱の神が天下ではじめて正式結婚したことで縁結びの大神として篤く信仰されている。八重垣神社には悪疫退散、開運、家運繁栄、厄難除け、和合、家庭円満の神としての神徳があり、国家鎮護の守護神とされている。伝承によると、二柱の神は出雲地方に多いツバキを二株、結婚記念樹として植えたところ生長して地上部が癒合し一株になったとされる。これは二身一体を示すもので連理の木と呼ばれている。社前では神木・連理の玉椿の目通り幹周り一・二メートル、樹高九メートルの大樹が拝める。以前は縁結びや敬愛和合のお守りとして

椿の葉を苗に見立てて植える
奈良県・六県神社の御田植祭

島根県・八重垣神社の連理の玉椿

この神木の葉が添えられていた。

ツバキの連理は数多いとされるが、祭神とされる神が植えた神木の連理というものは、やはりめでたく斎き祝うべきものである。

縁あって男女が結ばれ結婚すると普通であれば子どもが生まれるが、なんらかの原因で欲しくてたまらない子どもができないことがある。そんなとき神頼みされるのが宮城県岩沼市浦崎の港神社の神木、子孕み椿である。不妊の婦人がこのツバキの木に抱きつくと子が授けられると伝えられている。淡路島津名郡一宮町(現・淡路市)多賀の伊弉諾神社の境内には、昔、子を生ませてくれると信じられていた子生椿があった。

白椿の樹下には宝物が埋まっているという昔話がいくつかある。新潟県北浦原郡豊浦町(現・新発田市)切梅の話では、よく働く素直な炭焼きが山の楠の木の下で昼寝をしていて夢を見る。夢の中で白いひげの爺が出てきて、町の大橋に立っていればよいことがあると告げ去った。炭焼きが大橋の上に立っていても何も起こらない。三日目に通りかかった白髪の婆から初夢の話を聞く。「山の楠の木のてっぺんが夕陽に影を落したところの白い花の咲くツバキの木の下に金の入った瓶がある。」炭焼きは家に帰り白い花の咲くツバキの木の下を掘ると、大判小判の入った瓶が出てきたという。

十四、関東地方の樹木地名

日本という国は島国で周囲を海に囲まれ、緯度も中くらいであるため、気候は温暖であるうえ、梅雨期という雨期がある。秋には台風によって多量の雨がもたらせられる。温暖多雨という植物の生育に恵まれた環境となっている。おまけに土壌もよく肥えているので、植物はよく生長する。大型植物である樹木の種類もずいぶん多い。そんな環境に住む日本人はそれぞれの樹木の特性を知りつくしており、樹木の特長を生かした使い方をしてきた。それは衣食住のすべてにわたっており、木の文化ともいわれる日本特有の文化を築いてきた。そして自分の分身である名字にも樹木の名前をつけるほど樹木が好きである（拙著『樹木と名字と日本人』参照）。名字（姓）によって樹木と一体化し、その樹木のもつ生命力を体内にとり入れようと試みているのだ。そのくらい樹木好きの日本人なので、自分の住む土地の名前として樹木名を用いないはずはないと考えた。そこで全国の町名や大字名が収録されている郵便局編集発行の『新ぽすたるガイド（新郵便番号簿）』の平成九年版から、現時点で日本のなかで最も繁栄している地方の一つである関東地方の一都六県の各市域の樹木名のある町名と、郡部町村の樹木名の大字名を拾ってみた。関東地方では六つある県のうち二つの県（茨城・栃木）が樹木名を県名として採用している。

県の名は明治維新で成立した明治新政府の方針として明治四（一八七一）年七月に行われた廃藩置県のときにつけられた。江戸期の行政単位であった藩は廃止し、藩に代わって行政単位の府県を設けることにされた。はじめは、三府（東京・大阪・京都）三〇二県であったが、その年の末三府七二県に整理し、その後統廃合があり、明治二十一（一八八八）年になった頃には三府四三県（途中に東京府が東京都となったので、府は二となる）となって現在に及んでいる。巷間では明治新政府は県名をつけるにあたって維新の際朝敵であった藩のところは後世になってもそれとわかるようにと、県庁所在地の地名を県名として用いず、他の地名をもってしたといわれている。該当するところは愛媛県、香川県、愛知県、埼玉県などがそうだとされている。茨城県もその中の一つとされる。茨城県は県庁所在地の水戸県にならず、北部にある茨城郡の郡名から採られている。同じ例に滋賀県がある。県庁の置かれた大津ではなく大津の北方、琵琶湖の西側にある志賀郡の志賀が採られている。こちらは茨城のようにそのまま用いず、志賀を滋賀と改めている。

茨城郡の地名は古く、和銅六（七一三）年から養老二（七一八）年にかけて成立したとされており、『常陸国風土記』の茨城郡（うばらきのこおり）の項には次のように記されている。

「古老がいうことには、昔、国巣（くず）（土地の人の言葉ではツチグモまたはヤツカハギという）山の佐伯（さえき）、野の佐伯があった。いたるところに土の穴倉を掘っておき、いつも穴の中に住んでいた。誰か来る人があるとそのまま穴倉に入って身を隠し、その人が去るとまた野原に出て遊ぶ。狼の性（さが）と梟の情（こころ）をもち、鼠（ねずみ）のごとく隙をうかがってかすめ盗む。誰からも招かれ手撫づけられることがなく、ますます世間一般の風習から遠ざかっていったのである。この時大臣（おほのおみ）（多臣）の同族の黒坂命は、彼らが外に出て遊んでいるところをねらって茨棘（うばら）を穴の内がわに仕掛け、ただちに騎馬の兵を放って急に追い攻めさせた。佐伯どもはいつものように土の穴倉に走り帰り、ことごとくみんな茨棘にひっかかり、突き刺さって傷つき害されてちりぢり死んだ。だから茨棘の意をとって県（あがた）の名につけた。」

あるいはこうもいっている。「山の佐伯・野の佐伯がみずから賊の首領となり徒党の象をひきいて国中を横行し、大いに掠奪を行った。その時黒坂命はこの賊を策略によって滅ぼそうとして、茨（うばら）をもって城（き）を造った。こういうわけで土地の名をすなわち茨城（うばらき）といった」と。なお「国巣」は「国栖」とも書き、非開化的な土着民をいう。ツチグモ（土蜘蛛・土雲とも書く）、ヤツカハギ（八束脛で足の長いこと）は土着民に対する蔑称であろう。

さて、関東地方における市の数は八八あり、それに東京都の特別区も市とみると市の数は一一一となる。そのなかで樹木名を町名とした町の数は一八一あった。平均すると一つの市で一・六ヶ所である。全国について集計していないので、これが多いのか少ないのか比較できないのが残念であるが。

では、関東地方の市部の町名にはどんな樹木が用いられているのだろうか。順不動で列挙すると、葛（くず又はかずら）、松、萩、桐、牡丹、桜、榎、山吹、梅、柳、藤、つつじ、柚、柏、椚（くぬぎ）、楢（なら）、栗、桑、けやき、檜、柿、椎、あしび、樅、梶、みずき、栃、青木、茶、杉、樛（つき）、接骨木（にわとこ）、槙、桃、漆、さつき、梨、桂、楠、椿、こぶしという四一種類あった。郡部の地名である大字名にも樹木名をもつところがあるので、市部と同様の資料を用いて樹木大字名を拾った。市部同様に列挙すると、葛、松、萩、桐、牡丹、桜、榎、山吹、梅、柳、藤、つつじ、柚、柏、椚、楢、栗、桑、けやき、檜、柿、椎、あしび、樅、梶、栃、あずさ、青木、槙、杉、樛（つきのき）、桃、接骨木（にわとこ）、漆という三四種類となった。市部に比べて樹種数が、七種類少なくなっている。樹木名をもつ大字の総数は九八であった。市部の樹木町名の総数は一八一なので、大字名の方が少ない。これは市部は人口密度などによって町の区画をしているため、一つの町の区画が小さく、町の名が多いというせいもあるからだと推定される。

どんな樹木が多く用いられているのか、市部と郡部でそれぞれ多い順に掲げてみる。樹木名の上に順位を、その下に（　）書きで町名数または大字数を記す。

市部　　1松（五七）2桜（二三）3藤（二二）4柳（一六）5杉（九）6漆（六）6梅（六）

郡部大字　1松（三一）2桜（一一）3藤（一〇）3柏（一〇）5栗（八）6杉（六）7梅（五）8柳（四）

どちらも第一位は松となった。割合を比較してみると、市部の樹木町名総数は一八一町名で松の町名合計は五七なので町名総数における比率は三一・五パーセント、郡部の樹木大字名総数は九八であり、松の大字数は三一なので総数における比率は三一・六パーセントであった。市部と郡部町村の松の地名の比率はほぼ同率となった。日本において最もポピュラーで、最もよく知られ、古くから神聖で縁起のよい樹木と考えられてきた松に対する感覚は、市部の人たちも郡部町村の人たちもほとんど変わりはないように分析される。松の地名としてはどんなものがあるのか列挙する。まず市部の松の町名から列記すると、平松町、松本町、若松町、入松町、松田町、松原、松山町、松沼町、下松原、松根町などである。郡部の町村が周辺の町村と合併して市制をとるようになる大きさに発展する際、町名をつけるに当たっては町村制のときの大字名をそのままに「町」の字をくっつけて町名として用いるようにしたのではないかと思える。

地名数の第二位は市部の町名も郡部の大字名もどちらも桜となっている。市部町名の桜は二一町で、町名総数に占める比率は一二・一パーセントである。市部の桜の町名を整理すると、

桜町（七）、桜木町（三）、桜台（三）、（以下全て一）桜、桜ヶ丘、桜田、桜山町、桜丘、桜木、桜堤、さくら町、桜ヶ丘町

となり、同名の桜の町名をもつ市（特別区を含む）が多数あることがわかる。郡部の桜の大字名は一一あり、樹木大字名総計に占める比率は一一・二パーセントである。桜の大字名を列記すると、

桜台、さくら台、桜ヶ丘、桜が丘、東桜川、桜道、桜井、桜野

である。この中に町村の大字名としては普通には見かけない「台」と「ヶ丘」「が丘」が四カ所あった。この地名は東京への通勤圏に入る町村で、通勤者の住居を建設するための開発業者が考案し、宣伝販売したものを町村が地名として採用したものであろう。筆者の住む大阪市のベッドタウン的性格をもつ枚方市（ひらかた）にも桜とは全く関係のない桜町と桜丘（さくらがおか）の町名がある。そのことから推し量ってのことである。

地価が安いうえ大きな面積が得られやすい山林を買い住宅地を造成し販売するとき、華やかな町であるとのイメージを購入者にもってもらうため考案した名称を、その町村がそのまま地名として用いたものと推定される。桜台・さくら台の地名をもつところは、千葉県安房郡大多喜町桜台、同県印旛郡白井町桜台、同県海上郡干潟町さくら台の三カ所で、桜が丘の地名のあるところは茨城県北相馬郡藤代町桜が丘である。桜のつく町名は造成住宅地を販売するためにつけられたものであり、枚方市の桜町・桜丘においては、現時点でも町名の通りの桜は存在してもポツンポツンとみすぼらしい桜木がみられるばか

りで、桜の大木も桜並木もみることはできない。ここに掲げた千葉県や茨城県の町村のさくら台、桜が丘の現地には果して見事な桜が眺められるのだろうか。それとも新しく建築された住宅ばかりの街なのであろうか。

桜のつく町名は全国のどこの府県の市部の町名としてもみかける。桜のつく町名には桜木一条、桜木町、桜木、桜ヶ丘、桜山、桜小路、桜野、桜田などがある。桜の花は通常、東京以西では三月弥生に咲くものとされているが、そのことを示すように、本当は三月弥生に桜の咲くことのない北海道に三笠市弥生桜木町という珍らしい町名がある。

さて樹木地名の中で三番目に多いのは郡部の大字名では同数一〇カ所の藤と柏である。地名合計数九八に占める率は一〇・二パーセントである。藤が三番目に多いとは驚きである。藤のつく大字名を列記すると、

藤下、藤代、藤井、藤ヶ谷、藤原、藤岡、藤田、藤川

などである。

また市部においても藤のつく町名数は三番目に多い一二カ所となり、一二・二パーセントを占める。藤については町名の方が大字名の率よりも二ポイント多くなった。藤はつる性の樹木で、他の物にからみつき、上へとのぼっていき、上部に達するとそこで枝葉を広げて大きく生長する。からみつく物が樹

木だと樹木の梢に到達した藤が枝葉を広げ、生育に必要な陽光をさえぎるので、樹木の生長はいちじるしく阻害されるし、幹にはからみついたつるの跡がくっきりと残るので、特に樹木の育成にたずさわる林業者には嫌われる。藤の花は藤色ともいわれる美しい花房を垂れ、芳香を漂わせる。古来から名花として人びとに愛されているが、花房が垂れ下がるところから木忌みがあり、「家がなり下がる」といって家の庭には植えない風習をもつところもある。花の色が白の白藤もあり、こちらは寺に多く植えられるため一般の人は家に植えることを好まない。藤は花は美しく芳香をもっているものの、つる性という特性で万人向きの花木とは言い難いところから、花の美しさだけで地名として採用されたとは考えづらい。天皇家との深い関わりのある藤原氏の威を借りて、地名に藤を用いたとするにはあまりにも考えが浅いのではないかと思っている。郡部の一〇カ所ある藤の大字名のなかに町村の基幹産業である水田稲作の農業を表わす藤田が二カ所あり、水田稲作に必要不可欠の水との関わりの深い用語の川、井（井戸を示す）、沢、谷をもつところが半数の五カ所に及んでいる。山地で藤が生育しているところは谷間が多い。稲の生育に不可欠の水を供給してくれる谷間に生育している藤が水を育くんでいるのだろうと、昔の農業者は考え、藤を尊んだのではなかろうか。そこで地名に藤を採用し、稲田に水が不自由しないように祈念しているのだろうとも考えてみた。

水田稲作にたずさわる里人だけでなく、天皇のような上の人も藤とは格の高い樹木と考えていた節（ふし）がある。持統天皇は自らが造営した王宮の名を藤原宮と命名しており、大化改新の一大功臣である中臣鎌足に、その功績を称え、地名であった藤原を姓として授与している。

水田稲作と藤との関わりについては水との関わりの深いとされる蛇も関係がある。藤が木に巻きつく様はあたかも蛇が巻きついているようである。蛇は昔から「天から水を運ぶ神の使い」として象徴されている。民俗学的には、藤は蛇とみられている。農村部の水を大切にしているところの大字名にも、大字から人口が増加し、発展して市制となった町名にも、藤の数が多いということは、日本の木の文化の深いところにつながっているのだろう。筆者はその謎を解明しようと考えているところである。藤の地名については安易に片づけられないようである。

最後に、全国の樹木町名から難読町名を紹介する。青森県黒石市の「株梗木」は「ぐみのき」とよむ秋田県能代市の「槐」は「さいかち」とよむ。「槐」は「えんじゅ」とのよみ方もあるが『ぽすたるガイド』は「槐」を抜き出して「サイカチ」とカナをふっている。岩手県花巻市の「椚ノ目」も難読地名の一つであろう。「くぬぎのめ」とよむ。「くぬぎ」とは別には「櫟」とも書かれ、優良な木炭を焼くことのできる落葉広葉樹である。

あとがき

本書を執筆するに至った経緯を振り返ってみる。筆者は二度目の職場となった近畿大学で、学内の広報紙『近畿大学新聞』に「キャンパスの樹木」とのタイトルで、東大阪市の本部キャンパスに植栽されている梅、沈丁花、欅、藤、柳、桃（ヤマモモ）、ばくちのき、譲葉、メタセコイアなどという一般的に見られる樹木を紹介連載していた。堅苦しい記事ばかりのなかで、知っている樹木のことが書かれているので教職員の目に留まったのか、よく読まれていると広報課の職員から聞いたことがある。一〇年間の勤務の後、定年退職するときに、その連載五〇回分と、別に図書館から出していたPR誌に掲載したものを合わせて一三〇ページ弱の小冊子『気まぐれ樹木散歩』を自費出版し、お世話になった教職員の方々に配ったことがある。

次の本を書くにあたっては何をテーマにするか迷ったのであるが、『〇〇樹木散歩』の二匹目のドジョウを狙ってみることにした。読者の方々のよく知っているものがよかろうと考え、都会に植えられている樹木を取り上げてみた。さらに、日本人は樹木好きであり、町名や大字名にも樹木名のものが多い。これを拾い上げて、東西で樹木名の地名がどう違うのか比べてみるのも面白かろうと、郵便番号簿から樹木地名を書き抜いてみた。本書にその一部を記したが、残念ながらあまり成果はあがらなかった。何編か書き上げたエッセーらしきものを八坂書房に送ったところ、担当編集者の三宅郁子さんから、一書とするには全体を通して背骨となるものが欲しいので、この文章を活かしつつ縁起のよい木あるいは悪い木についての記述としてまとめてはどうか、との提案をもらった。筆者ももっともだと思い、読者の方たちが縁起がよい、すなわち、これがあるとよいことが起こるのではないかと思われている木について追記していった。

縁起がよい木と日本人が認めている樹木は、鎌倉・室町時代から近世・明治期を通じて引き継がれているが、そればかりでなく文明開化といわれた明治以後にヨーロッパ世界から入り、彼の国の風習を取り入れ日本化した縁起木があることに気がついた。月桂樹とオリーブである。どちらも常緑樹であり、ヨーロッパ文化文明の発祥地である地中海原産で、彼の地においても栄光や平和を象徴する樹木として敬愛されている。この二つの木は、月桂樹の葉は肉の臭みを消し、オリーブは果実から油を搾り食用となるという高い実用性をもっているため、近年日本においても庭木として縁起木の一種であることを知らないままに栽培する人が増えてきている。

まとまりのないエッセーを一つの主題を設定し一冊の本として出版できたのは、ひとえに八坂書房の八坂立人社長のご理解があればこそと感謝いたします。また編集にあたっては同書房の三宅郁子さんに大変お世話になりました。厚く御礼申し上げます。

令和二年二月十八日

有岡利幸

［付記］

筆者はある時期、年賀状の図版に干支の植物シリーズとして毎年その年の干支の名前のついた植物をゴム版に彫り色刷りしたものを作っていた。始めた最初の干支が丑年であったので、縁起木の「紫金牛」（ヤブコウジ）を彫ったことを覚えている。

ちなみに、その他の植物は次のようなものである。子年（ネズミ大根）、寅年（虎杖＝イタドリ）、卯年（ウサギギク）、辰年（竜舌蘭）、巳年（ヘビイチゴ）、午年（ウマノスズクサ）、未年（ヒツジグサ）、申年（サルナシ）、酉年（鶏冠樹＝カエデ）、戌年（コイヌノハナヒゲ）、亥年（猪の子のかね＝クズの方言）。

申年に彫った「サルナシ」の図版

主な参考文献

有岡利幸『桃』ものと人間の文化史一五七　法政大学出版局　二〇一二年
有岡利幸『椿』ものと人間の文化史一六八　法政大学出版局　二〇一四年
有岡利幸『花と樹木と日本人』八坂書房　二〇一六年
有岡利幸『樹木と名字と日本人』八坂書房　二〇一八年
有岡利幸『香りある樹木と日本人』雄山閣　二〇一八年
飯倉照平『中国の花物語』集英社新書　二〇〇二年
上原敬二『樹木大図説』有明書房　一九六一年
奥井真司『毒草大百科』データハウス　二〇〇三年
大場秀章『ガーデニング植物誌』八坂書房　二〇一二年
大場秀章 監修・解説／瀬倉正克訳『シーボルト「日本植物誌」本文覚書篇』八坂書房　二〇〇七年
韓　雯「日中『松竹梅』の比較研究―梅のイメージを中心に―」日本語日本文学（二一）二〇一一年三月二十日
二七～四一頁　創価大学日本語日本文学会
木村陽二郎 監修『図説　草木辞苑』柏書房　一九八八年
黄　全信 編著『中国吉祥百図』中央民族大学出版社　一九九六年
桜井　元『やぶれがさ草木抄』誠文堂新光社　一九六九年

桜井　満『花の民俗学』雄山閣　一九八五年
塩野　轍編輯『桑都日記』鈴木竜二記念刊行会　一九七三年
島野光司「信州の自然と神社」(http://science.shinshu-u.ac.jp/~shimano/0095_relationship_between_shrines_and_the_nature_in_shinshu.pdf)
高嶋雄三郎『松』ものと人間の文化史一六　法政大学出版局　一九七五年
辻井幸一『日本の樹木』中公新書　一九九五年
辻井幸一『続・日本の樹木』中公新書　二〇〇六年
中尾佐助『花と木の文化史』岩波新書　一九八六年
深津　正・小林義雄『木の名の由来』日本林業技術協会　一九九三年
林　弥栄『有用樹木図説　林木編』誠文堂新光社　一九六九年
麓　次郎『四季の花事典　増補版』八坂書房　一九九九年
牧野富太郎『新牧野日本植物圖鑑』北隆館　二〇〇八年
諸江辰男『香りの風物誌』東洋経済社　一九八六年
特別展『吉祥―中国美術にこめられた意味』図録　東京国立博物館　一九九八年

伊藤伊兵衛『花壇地錦抄』京都園芸倶楽部　一九三三年
内田武志・宮本常一編訳『菅江真澄遊覧記　一〜五』東洋文庫　平凡社　一九六五〜六八年
貝原益軒／益軒会編『益軒全集　二』国書刊行会　一九七三年

日本随筆大成編輯部編『日本随筆大成　第一期一六』吉川弘文館　一九七六年
伊藤伊兵衛政武『錦繍枕』青青堂出版　一九七六年
小野蘭山・島田充房『花彙』八坂書房　一九七七年
守屋美都雄訳注／布目潮渢・中村裕一補訂『荊楚歳時記』東洋文庫　平凡社　一九七八年
『薬圃図纂・草木奇品家雅見』恒和出版　一九七九年
浅井了意／朝倉治彦校注『東海道名所記　一・二』東洋文庫　平凡社　一九七九年
屋代弘賢編『古今要覧稿　一～六』一九八一～八二年
伊藤伊兵衛政武『広益地錦抄』八坂書房　一九八三年
石原道博編訳『魏志倭人伝・後漢書倭伝・宋書倭国伝・隋書倭国伝』岩波文庫　一九八五年
内田武志・宮本常一編訳『貞丈雑記　一～四』東洋文庫　平凡社　一九八五～八六年
内田武志・宮本常一編訳『和漢三才図会　一～一八』東洋文庫　平凡社　一九八五～九一年
宇治谷孟『日本書紀　全現代語訳上・下』講談社学術文庫　一九八八年
松枝茂夫・和田武司訳注『陶淵明全集　下』岩波文庫　一九九〇年
野間光辰・新修京都叢書刊行会編『新修京都叢書　第五巻』臨川書店　一九九四年
野間光辰・新修京都叢書刊行会編『新修京都叢書　第二二巻』臨川書店　一九九五年
佐藤常雄・徳永光俊・江藤彰彦編『日本農書全集　第五五巻　園芸二』農山漁村文化協会　一九九九年
喜多村筠庭『嬉遊笑覧　一～四』岩波文庫　二〇〇二～〇五年

著者略歴
有岡　利幸（ありおか・としゆき）
1937年、岡山県生まれ。1956〜93年まで、大阪営林局にて、国有林における森林の育成・経営計画業務などに従事。1993〜2003年3月まで近畿大学総務部に勤務。2003年4月〜2009年まで（財）水利科学研究所客員研究員。1993年第38回林業技術賞受賞。

【著書】
『森と人間の生活──箕面山野の歴史』1992（清文社）
『松と日本人』1993（人文書院、第47回毎日出版文化賞受賞）
『松茸』1997、『梅Ⅰ・Ⅱ』1999、『梅干』2001、『里山Ⅰ・Ⅱ』2004、『桜Ⅰ・Ⅱ』2007、『秋の七草』『春の七草』2008、『杉Ⅰ・Ⅱ』2010、『檜』2011、『桃』2012、『柳』2013、『椿』2014、『欅』2016、『和紙植物』2018（以上、ものと人間の文化史　法政大学出版局）
『つばき油の文化史』2014、『栗の文化史』2017、『香りある樹木と日本人』2018（雄山閣）
『資料 日本植物文化誌』2005、『花と樹木と日本人』2016、『樹木と名字と日本人』2018、『藤と日本人』2021、『葛と日本人』2022（八坂書房）
など多数。

緑起のよい樹と日本人　〈新装版〉

2020年　3月25日　初版第1刷発行
2024年 11月25日　新装版第1刷発行

著　者　有岡利幸
発行者　八坂立人
印刷・製本　シナノ書籍印刷(株)

発行所　(株)八坂書房
〒101-0064　東京都千代田区神田猿楽町1-4-11
TEL.03-3293-7975　FAX.03-3293-7977
URL. http://www. yasakashobo. co. jp

ISBN 978-4-89694-371-9